U0138938

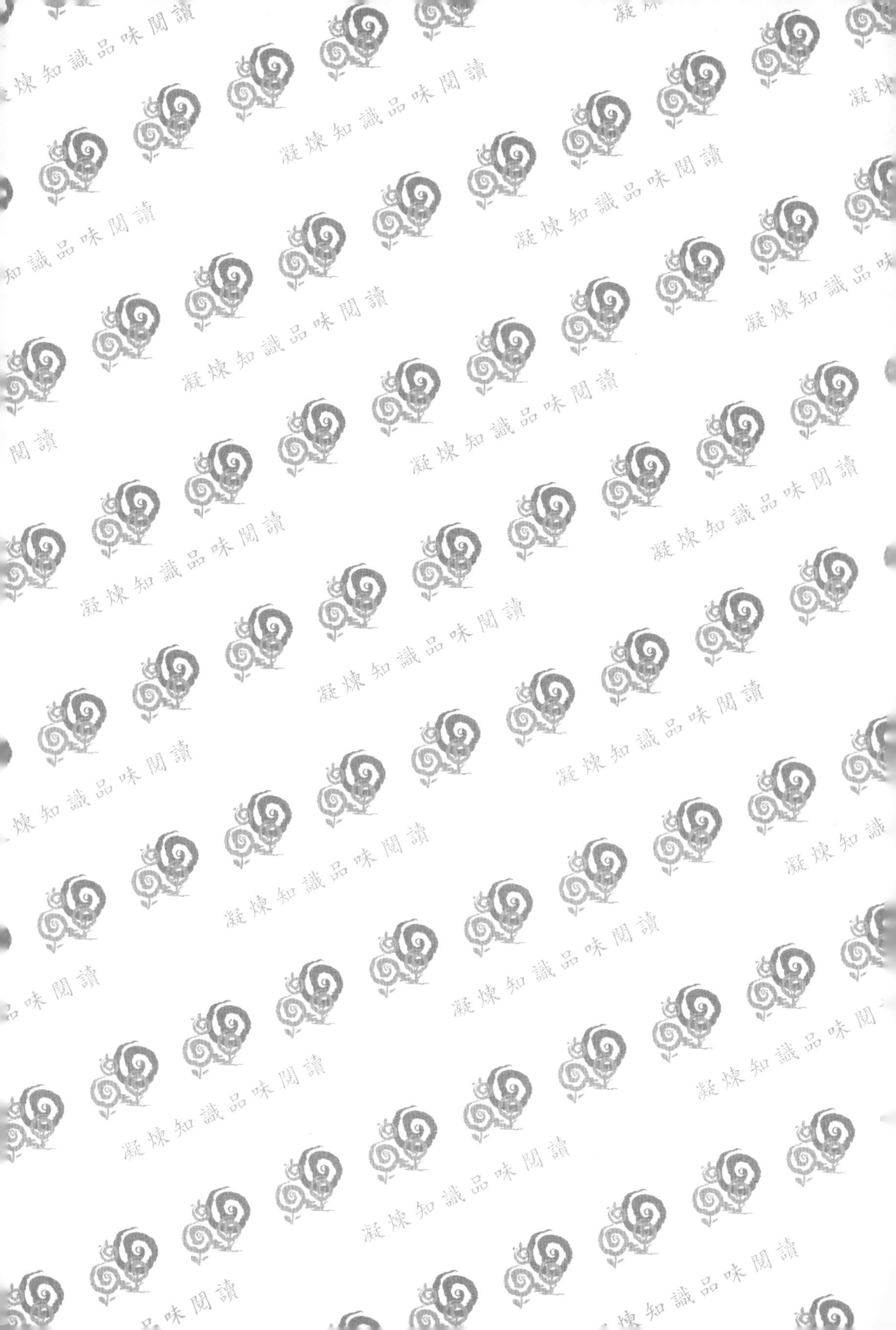
凝煉知識品味閱讀

餐旅人力資源管理

民宿篇

陳永賓 編著

五南圖書出版公司 印行

序

本書「餐旅人力資源管理－民宿篇」架構分三部份組成：第一部分：作者教授之教學歷程；第二部分：個案探討；第三部份：民宿法規。分述如下：

第一、作者教授餐旅人力資源管理多年之經驗，深感人力資源之重要性，於是將校園培育人才的熱情與教學活動設計、教學方法及教學反思及回饋，和各方先進一起分享，達到教學的樂趣，一起培育更多更優秀的人才，以提升餐旅業界的人力素質，提升產業界服務品質。

第二、作者實際訪談民宿業界，發現經營管理存在很多實質的問題，例如：法規不符合時宜、政府單位輔導補助……等等現象，臺灣民宿業界非常蓬勃又具有特色，未來需要更優秀的年輕人力資源投入，所以，選擇幾個Case，希望藉由個案研討之參考凝聚共識，一則聚焦產業；一則共同討論民宿產業的經營管理人力之問題。

第三、法規是業者最為詬病及經營管理存在最大的問題，所以，希望這個章節能提醒，指導單位必須制訂符合實際經營的法令，以讓業者能夠有所依循，並且輔導輔助業者在經營管理層面，走向更務實，更燦爛的未來。

最後，本書之完成，非常感謝很多業界經營者提供寶貴意見，如：樹也、Play Hotel、七天四季、東寧文旅、老英格蘭莊園、荷蘭洋行、緩慢民宿等諸多的協助，更感謝育嫺、弘任、柏瑋，隨著老師辛苦奔波、訪談，才得以完成此書，因倉促成書，疏漏難免，盼前輩先進給予鞭策，使餐旅業界人才菁英倍出，一起努力，為臺灣、餐旅產業再創高峰。

陳永賓 博士謹識

國立高雄餐旅大學休閒暨遊憩管理系

CONTENTS

目　錄

第一篇

教學歷程

壹、導論

一、我國政府訂定【民宿】管理辦法概述

自2001年制定民宿管理辦法，民宿產業經營生態起了莫大變化，根據觀光局指出，之所以希望民宿納入管理範圍，是方便主管機關強制查驗建築物及消防設備，同時規定投保公共意外責任險，旅客住宿有安全保障，同時合法民宿必須向當地縣（市）政府報備客房價格，防止民宿業訂價產生問題。

然而，又據觀光局觀察，目前民宿合法登記的困難點，在於違規使用建築物，這一點主管機關正協同相關單位改善並擬定解決方法中，但對於遲遲不申請的民宿業者，觀光局也祭出「違反發展觀光條例事件裁罰標準」，可以處以臺幣3～15萬元以下罰鍰，並禁止其繼續營業。

2001年12月12日交通部觀光局發佈：『民宿管理辦法』。依照政府法令規定顯示，除了旅館之外，凡是可提供民眾住宿過夜休息的處所，均稱「民宿Minshuku」。所以，民宿的範圍舉凡汽車旅館、休閒中心、渡假村、農場附設住宿部、牧場客房、農莊、林場、果園住宿中心、溫泉區住宿部……都被一般民眾納入民宿領域。

再者，依據交通部『民宿管理辦法』所設立的民宿，分爲二種型態：

第一種：「一般民宿」其經營規模以客房數八間以下，且客房總樓地板面積二百四十平方公尺以下爲原則。

第二種：「特色民宿」位於原住民保留地，經農業主管機關核發經營許可登記證之休閒農場、經農業主管機關判定之休閒農業區、觀光地區、偏遠地區及離島地區之特色民宿，其經營規模得以客房數十五間以下，且客房總樓地板面積四百平方公尺以下經營規模。

然而，『民宿管理辦法』的法律位階非屬於「法律」層級，是屬於「行政命令」性質，卻是政府管理民宿依法行政的準則。

爰於此，政府爲保障民眾權益與旅遊品質，將全國合法民宿業者，上網公布，提供民眾選擇合法民宿的管道，並特別設計合法民宿專用標誌，放置於法定登記之民宿經營者建築物外部明顯之處，讓消費者辨識是否爲法定登記之民宿。

最後，法定登記民宿業者的建築物及消防設備都須經過當地縣（市）政府建管、消防主管單位查驗通過，並且投保公共意外責任保險，並將客房訂價向當地縣（市）政府報備，民眾選擇合法民宿，除住宿安全有保障外，可避免被任意哄抬收費，消費權益較易獲得確保。

㈠茲將民宿管理辦法經營管理重點彙整如下：

1. 民宿：指利用自用住宅空閒房間，結合當地人文、自然景觀、生態、環境資源及農林漁牧生產活動，以家庭副業方式經營，提供旅客鄉野生活之住宿處所。
2. 民宿之設置，以下列地區爲限，並須符合相關土地使用管制法令之規定：
   ⑴風景特定區。
   ⑵觀光地區。
   ⑶國家公園區。
   ⑷原住民地區。
   ⑸偏遠地區。
   ⑹離島地區。
   ⑺經農業主管機關核發經營許可登記證之休閒農場或經農業主管機關劃定之休閒農業區。
   ⑻依文化資產保存法指定或登錄之古蹟、歷史建築、紀念建築、聚落建築群、史蹟及文化景觀，已擬具相關管理維護或

保存計畫之區域。

⑼非都市土地。

⑽具人文或歷史風貌之相關區域。

3. 民宿之經營規模，以客房數八間以下，且客房總樓地板面積二百四十平方公尺以下爲原則。但位於原住民保留地、經農業主管機關核發經營許可登記證之休閒農場、經農業主管機關劃定之休閒農業區、觀光地區、偏遠地區及離島地區之特色民宿，得以客房數十五間以下，且客房總樓地板面積四百平方公尺以下之規模經營之。前項偏遠地區及特色項目，由當地主管機關認定，報請中央主管機關備查後實施。並得視實際需要予以調整。

4. 民宿建築物之設施應符合下列規定：

⑴內部牆面及天花板之裝修材料、分間牆之構造、走廊構造及淨寬應分別符合舊有建築物防火避難設施及消防設備改善辦法第九條、第十條及第十二條規定。

⑵地面層以上每層之居室樓地板面積超過二百平方公尺或地下層面積超過二百平方公尺者，其樓梯及平臺淨寬爲一點二公尺以上；該樓層之樓地板面積超過二百四十平方公尺者，應自各該層設置二座以上之直通樓梯。

5. 民宿之消防安全設備應符合下列規定：

⑴每間客房及樓梯間、走廊應裝置緊急照明設備。

⑵設置火警自動警報設備，或於每間客房內設置住宅用火災警報器。

⑶配置滅火器兩具以上，分別固定放置於方便取用之明顯處所；有樓層建築物者，每層應至少配置一具以上。

6. 民宿之經營設備應符合下列規定：

⑴客房及浴室應具良好通風、有直接採光或有充足光線。

⑵須供應冷、熱水及清潔用品，且熱水器具設備應放置於室

外。

⑶經常維護場所環境清潔及衛生，避免蚊、蠅、蟑螂、老鼠及其他妨害衛生之病媒及孳生源。

⑷飲用水水質應符合飲用水水質標準。

7. 民宿之申請登記應符合下列規定：

⑴建築物使用用途以住宅爲限。但第六條第一項但書規定地區，並得以農舍供作民宿使用。

⑵由建築物實際使用人自行經營。但離島地區經當地政府委託經營之民宿不在此限。

⑶不得設於集合住宅。

⑷不得設於地下樓層。

8. 民宿經營者應投保責任保險。

9. 民宿經營者不得擅自擴大經營規模。

㈡「特色民宿」審查（依民宿管理辦理第六條規定）：

1. 「特色民宿」之審查，採個案民宿審查，由審查小組會審。

2. 「特色民宿」除須符合土地區位外，並應具備「特色項目」之特色二項以上（含二項）。

3. 「特色民宿」之審查暨「特色」之審查，由當地政府建設局召集評審小組共同審查，每次審查須評審委員過半數出席，出席評審委員過半數同意，方屬符合（每單項符合最低分數爲七十分）。

4. 特色民宿之土地區位：

⑴原住民保留地。

⑵經農業主管機關核發經營許可登記證之休閒農場。

⑶經農業主管機關劃定之休閒農業區。

⑷觀光地區。

⑸偏遠地區。

⑹離島地區。

㈢特色項目審查事項：

1. 環境資源特色（地區特色）周遭區域環境具有獨特、可觀性之自然環境或社會環境的觀光休憩資源，能協助旅客在當地進行環境知性之旅及學術研究之住宿處所。（例如：自然景觀、地質景觀、獨特資源（溫泉、海水浴場）、健行、賞鳥、名勝古蹟、茶葉博物館、陶瓷博物館、歷史建築、文化遺址、名人建物、產業文化、…等）
2. 人文特色（經營者特色）設有地方傳統文化、習俗之個人文物典藏或個人藝術創作展示場所，能提供旅客觀賞、知性之旅及學術研究之住宿處所。
3. 生活體驗特色（經營者特色）能結合本身從事農、林、漁、牧、礦業等生產過程或活動，提供旅客鄉野特殊生活體驗之住宿處所。（例如：牽罟、製茶、採果、採菜、採礦、淘金、…等製造採收過程，能讓旅客參與並使用相關設施，並有指導解說等服務）
4. 建築特色（經營者特色）具有傳統性、代表性、意義性之獨特建築物或室內裝潢陳設，並能提供解說服務之住宿處所。（例如：原住民傳統建築、傳統三合院、閩南建築、客家建築、巴洛克式建築、日式平房…等建築）
5. 經營者特色（經營者特色）
   ⑴能結合當地特殊景觀、環境、產業特色，提供獨具特色的遊憩行程及導遊解說服務，讓旅客進行知性之旅，且能配合政府推展觀光相關事業活動之住宿處所。（申請本項應備有公家機關核發之導遊解說證照或證照所有人同意書及證照影本）
   ⑵以經營者之藝術創作，呈現在遊客行程之中，並提供解說服

務或教學操作之住宿處所。備註：A、B項，只要具備其中一項即可。

6. 地方美食特色（經營者特色）具有地方傳統特色或自創地方特產美食小吃，廣受旅客好評，口碑佳，聲譽良好，且能配合政府推展觀光相關事業活動之住宿處所。（申請本項應具有公家機關或其委託機構認証核發之餐飲烹飪證照）

二、餐旅人力資源管理的重要性和必要性

餐旅人力資源是服務業最大的資產，也是奠定服務品質良窳最關鍵的要素，近年來，餐旅產業蓬勃發展，連鎖餐飲集團興起，經營管理的模式形成重大的變革，於是對於餐旅人力市場的質與量普遍面臨挑戰。首先，於餐旅人力素質的要求比以前更加嚴謹，注重顧客的服務品質和態度。第二在量的部份也是更替了過去餐旅人力市場的結構，尤其對於學校在校生與剛踏出校門的社會新鮮人都趨向擴大晉用的現象。

由於整體餐旅人力市場質與量的結構改變，學校在餐旅人力市場培訓的方向必須符合市場的需求條件而作教學方法與教學態度的努力，尤其於技能方面的要求，一定要本著接軌餐旅業界的條件，才不流於學校與業界供給與需求人才條件的不對稱，因而促成餐旅人力市場的損失，同時，亦可杜絕餐旅市場高離職率與低薪兩個重要議題的現象。

作者本於餐旅人力市場接觸多年的經驗，要徹底解決目前餐旅人力市場之嚴重問題，正本清源一定要從學校教育著手，一使學生習得一技之長之本領；二使學生於服務態度與服務技巧扎根。要做到以上兩方面之境地於學校餐旅人力資源管理課程之教學實務設計必須加以注重。第一，業界之互動，例如：聘請專家蒞校作實際經營管理的問題探討；第二，校外教學活動參訪，因爲校外教學可以提升學生學習的興趣，於不同之環境進行教學亦可考驗教師的應變

能力；第三，學生學習評量的內容要確實，本於學習的技能和工作條件的要求考驗學生的能力，並可以加強未來就業的挑戰。

餐旅人力資源管理課程創新教學是要訓練創新技能及邏輯思考的能力，所以教學方法不但要有餐旅人力資源管理的理論基礎更要授以實際的技能，例如：面試技巧、工作分析、餐旅產業勞資關係及勞動基準法令等。都要在課堂上搭配校外教學活動作詳細的說明與解說，使學生在校外實習的面試及進入職場實際工作時，均能順利進行與完成。

貳、餐旅產業勞動力規劃與人員雇用

一、服務業人力資源管理措施

葉靜輝所著寫的《服務業人力資源管理措施與服務創新關聯之研究Human Resource Management Practices and Service Innovation: An Empirical Study in Service Industry》中提出：本研究問卷蒐集132家分店主管資料（本文以某眼鏡連鎖店為例），探究服務業人力資源管理措施與服務創新的關聯，並以層級迴歸進行研究分析。本文將人力資源管理措施分為五項構面，包括招募與甄選、訓練與發展、績效薪酬、績效評估、員工參與。根據研究結果得出服務創新並不受主管個人特質部分影響；而人力資源管理措施中訓練與發展、績效評估、員工參與、績效及薪酬兩項對服務創新則有顯著正向影響。本研究也說明在服務業當中，對於服務創新之推動，服務業人力資源管理措施各構面扮演重要的角色。

二、餐旅產業分權與集權之管理措施

羅尹如所著寫之《決策集中或專業分工之探討：以王品集團之人力資源作業為例Centralization or Decentralization: Using Human Resource Operation of Wowprime Group as an Example:中提到本

研究透過質性研究方式，訪談個案公司總部高階主管及各價位類別之事業處主管，以探討餐旅人力資源作業中：風險集中化之專案爲研究主題，並從研究中了解企業組織傾向集權與分權的演變；包含風險集中化的緣起，到執行中的過程，以及遇到的困難與挑戰，最後說明上線後的成效。結果經由訪談內容及專案執行過程兩者間互相探討出王品集團因近年面臨內外部危機，決定調整公司長期策略目標，策略方向改變影響集團內組織設計方式：從分權走向集權，進而影響企業管理運作方式，將原本各店處理的風險作業集中回總部作業；此研究個案主題除了說明分權到集權的過程外，也代表王品集團正在嘗試將創業至今的習慣作業進行改變，並在這樣的變化下重新提高營運效率及獲利。

參、餐旅人力資源訓練及發展

一、餐飲業訓練方法

紀宗利、張裕閔、霍元娟所著寫之《餐飲業人員教育訓練對經營績效成功關鍵因素之研究A Study of the Key Success Factors of Restaurant Industry Staffs' Education and Training on Sale Performance》中提到本研究採用問卷調查方式收集資料，針對餐飲業同仁發放問卷，問卷有效回收率爲93%。並以SPSS套裝軟體進行分析，採用敘述性統計、變異數分析、信度分析、皮爾森相關分析方法及迴歸分析，研究結果發現餐飲業在教育訓練上專業知識、工作習慣及態度與教育訓練課程實施、教育訓練績效，四者之間息息相關，其中以教育訓練課程實施的影響最大，工作習慣、態度次之，最後爲專業知識，研究結果可提供作爲訓練規劃部門制定課程的參考建議，強化提高未來教育訓練實施成效，有利於企業在教育訓練課程規劃，並提供餐飲業服務品辟改善與人力資源管理之參考，進而增加經營績效。

二、餐飲業績效評估與管理

鄒勝峰、陳芳慶所著寫的《人力資源管理博碩士論文之內容分析A Content Analysis of Theses and Dissertations on Human Resource Management in Taiwan》中提到本研究是採用內容分析法分析西元1969年到2006年共560篇相關論文，以從中瞭解餐旅產業人力資源管理的相關議題，並運用後設分析法，分析81篇有關「人力資源管理與績效」和「訓練與績效」的論文，以檢視兩者與績效的關係。最後根據內容分析法得出結果爲以長期的觀點而言，餐旅人力資源管理的研究數量是持續成長的，以研究的區域而言，大部分的研究地區都集中在臺灣（有高達80%都集中在對臺灣地區的研究），而在研究的主題方面，以訓練與發展和勞資關係的研究爲最多。從後設分析則研究結果顯示「人力資源管理」及「教育訓練」對「組織」績效的後設分析顯示有正向的相關；「教育訓練」對「員工」績效的後設分析顯示有正向的相關。

呂宜靜所著寫的《服務業競爭策略、人力資源管理措施與組織績效之研究The Relationships of Human Resource Practices, Coporate Strategies and Organization Performance》中提到本研究爲衡量服務業「人力資源管理措施」對「組織績效」之影響，並以服務業之「競爭策略」作爲權變變數，探討其與「人力資源管理措施」之配適（fit）程度對「組織績效」的影響，於是藉由歸納整理國外學者對服務業「人力資源管理措施」與「服務業競爭策略」之研究，據此編列問卷，進行探索性實證研究，本研究採用郵寄問卷的方式，以臺灣服務業中具競爭優勢廠商爲研究對象，共寄出280 份問卷，回收80 份問卷，有效回卷率約爲29%。經由初步統計分析資料後歸納運算出各變數值，並分別運用層級迴歸分析以及ANOVA 分析探討各變數間的關係。最後得出研究結論爲人力資源管理措施與組織績效之間具有正向關係與影響；競爭策略與人力資源管理措施適配（fit）程度對組織績效也有顯著影響，而不同的競爭策略，應該編列的人力資源管理措施也會有所不同。

三、人力資源管理與企業競爭力

楊仁壽、林秀碧、劉碧琴所著寫之《以建教合作開發新人力資源對企業競爭力之個案研究Case Study of the Effectiveness of Cooperative-Education Mechanism on Business Competitiveness》中提到人才的培育對企業的脈動有關鍵性的影響，而建教合作正是聯結企業需求與學校人才培育的管道之一，也是技職體系人才養成重要的一環。本研究旨在探討藉由建教合作制度開發人力資源對企業競爭力的影響。研究方法採用質量並重的個案研究，並透過觀察、深度訪談與問卷調查收集資料，以內容分析法分析訪談資料，以AHP法分析問卷資料。研究結果顯示以建教合作制度開發人力資源對企業選、訓、留、用等有形的人力資源管理與無形的企業形象提昇皆具有正向效益，同時透過「人員服務品質要素」、「顧客信任感要素」等競爭要素以對企業競爭力產生貢獻。

肆、勞資關係議題之重要性

一、工作道德與公平待遇

鍾昭雄所著寫之《企業勞動派遣之研究A Study of Work Dispatching in Enterprise》中提出近年來，以企業作爲營利性組織而言，無論是尋求成長或是講求獲利的策略運用上，最後都直指人力資源的管理與運用是未來不可忽視的重點工作，然而在面臨2005年實施勞退新制後，二十一世紀的人力資源運用策略將是以勞動派遣的工作型態爲主。故在本研究中採用以單一個案質化訪談的研究方式進行，探討Y電子公司使用派遣勞動的現況及所面臨的問題；同時針對要派公司與派遣機構所建立之派遣流程與人力資源管理上之互動模式以問卷方式進行，探討要派公司、派遣機構與派遣勞工三角關係中權利義務的關聯性，形成如從人力勞動派遣機構的供給與需求來看，目前不是派遣勞工不足的問題，而是派遣勞工素質無法有效提升的問題；目前有越來越多的人能接受派遣性質的工作，將其視爲工作經驗的累積或進入大型企業的跳板……等結論。

二、勞資關係議題之影響

林瑞瑋所著寫之《策略性人力資源管理因果模式之探討The Study of Cause-Effect Model on Strategic Human Resource Management》中提到本研究透過問卷調查方式（採紙本及網路問卷之便利取樣），研究對象以人力資源部門中的主管職務人員爲主，紙本問卷共發出180份問卷，回卷有效樣本數爲65份，有效回卷率36.11%。網路問卷共回收58份，總計123份。資料經由初步統計分析歸納運算出各變項值，分別運用簡單迴歸、階層迴歸分析、及變異數分析探討各變數間的關係。最後分析出結果如下：(1)組織文化及主從交換關係的品質對人力資源管理策略化程度會有顯著影響，但馬基維利主義人格特質則對人力資源管理策略化程度則沒有顯著影響。(2)人力資源管理策略化程度越高對人力資源效能、組織績效皆有正向顯著影響。(3)不同類型的組織文化、主從交換關係對人力資源效能與組織績效之影響會受到人力資源管理策略化程度的部份中介效果之影響。

伍、餐旅人力資源管理於技職教學架構

大專院校師生之間的教學關係與企業上司與下屬之間的部屬關係，在餐旅人力資源的管理與運用方面其實有部分異曲同工之妙，以下本書將以國立高雄餐旅大學休閒暨遊憩管理系之餐旅人力資源管理課程爲例：

餐旅人力資源是服務業最大的資產，也是奠定服務品質良窳最

關鍵的要素，本文以餐旅產業的人力市場爲需求目標，提供良好的教學方式，以創新教學的精神，培養出優秀的學生，連結學校與產業人力需求，無論是在教學評量與學習效果，得到即時的教學反饋功能，以作爲自身教學方法及班級經營兩方面重要的依據與參考。

餐旅人力資源管理課程教學架構如下：

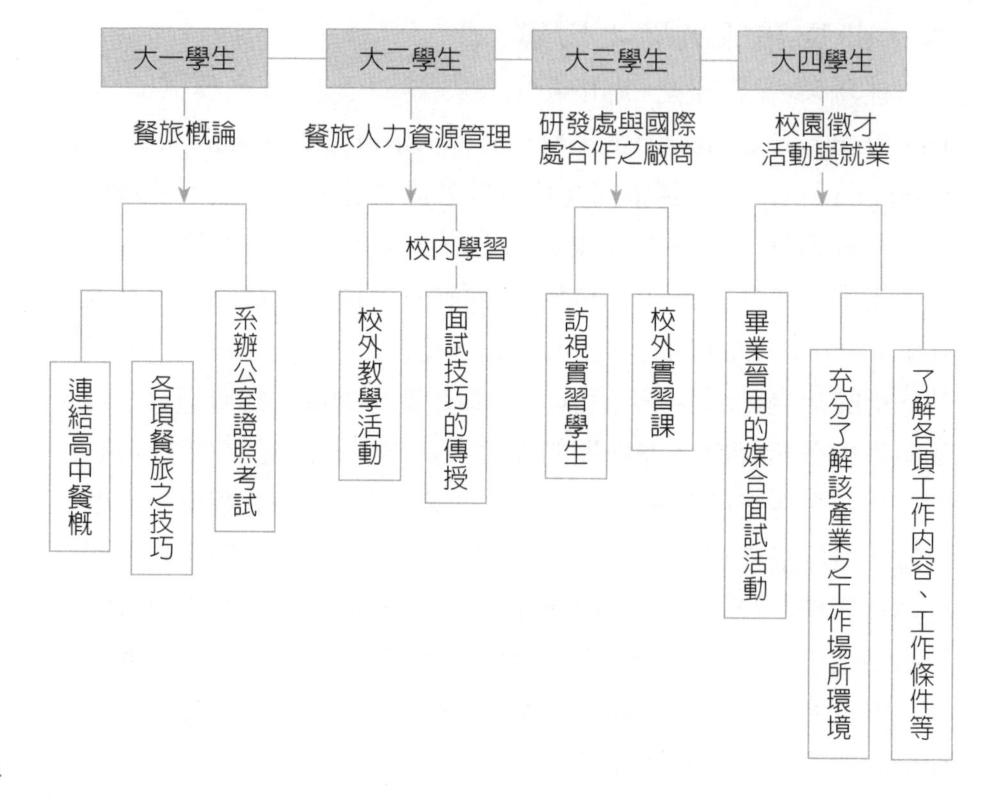

本課程餐旅人力資源管理課程創新教學是要訓練學生創新技能及邏輯思考的能力，技職院校之教育目標乃培養學生進入產業界就業爲宗旨，所以，教學方法不但要有餐旅人力資源管理的理論基礎更要授以實際的技能，例如：面試技巧、工作分析、勞資關係及勞動基準法令等。都要在課堂上搭配校外教學活動作詳細的說明與解說，使學生在校外實習的面試及進入職場實習均能順利進行與完成。

由於課程架構的務實施教及教學創新努力的執行，加上大一到大四學程緊密的連結，深獲學生正面的回應，從學期中與學期末的教師教學評量（如表2）可以得到印證，更重要的是能夠在大二期末之校外實習面試通過達到90%以上的水準，於大三校外實習期間的勞資關係及生涯規劃都能順利完成，緊接著於大四課程結束之際，透過校園徵才活動平臺，訂定未來的充分就業藍圖，使得餐旅人力資源管理課程的功能與效用達到理想的目標，眞正實現從學校到職場無縫接軌的境界。

一、教學實務設計與實施

本課程之教學實務設計與實施，採用教學創新之概念以達到培育人才之效果，以餐旅人力資源管理理論及餐旅人力資源管理實務現況了解進行論述，藉由人力資源定義之敘述及餐旅人員招募與遴選、教育訓練、勞資關係、薪酬與福利、餐旅業勞工安全與衛生管理、餐旅人員生涯規劃與發展……等餐旅人員管理規劃詳述以幫助學生了解餐旅業人力資源管理的起源與功能，達到學生充分就業，締造從學校到職場無縫接軌之境界。

其教學設計與實施如下：

表1　108-1學期餐旅人力資源課程教學大綱

項　目		內　容
教學目標		使學生瞭解餐旅產業之人力資源管理之基本功能
教學內容	第一週	人力資源管理之定義範圍及功能
	第二週	餐旅產業之組織設計
	第三週	工作分析及工作設計
	第四週	員工招募及面試
	第五週	訓練及發展
	第六週	績效評估

項目		內容
教學內容	第七週	生涯規劃與管理
	第八週	激勵與領導
	第九週	薪資管理
	第十週	獎金及福利
	第十一週	勞工安全與職災防範
	第十二週	人力資源發展及未來
	第十三週	分組討論及整組報告
	第十四週	分組討論及整組報告
	第十五週	分組討論及整組報告
	第十六週	分組討論及整組報告
	第十七週	分組討論及整組報告
	第十八週	期末考試
成績評量		期中考30% 平時30% 期末考40%
指定教科書及參考書籍		餐旅人力資源管理二版 陳永賓 五南圖書

在課程設計上在前十二週授課時先介紹餐旅人力資源產業定義、餐旅產業之組織架構、員工招募訓練、生涯規劃與管理以及進行勞工安全與職災防範講解，第十三週開始則爲分組報告，透過學生之間相互分組的方式討論餐旅人力資源管理的個案，並在期末時以小組上臺報告的方式作爲期末成績的依據。透過小組的方式分組討論不僅加深學生了解餐旅人力資源管理在現今企業的發展與運用情形，進而思考未來進入職場的日後發展及未來展望，也可以增進學生團隊合作、資料整合的能力。各組各自選定一個主題，並做深入的探討及統整資料，不只讓同學可以在撰寫文案的過程中，學習到蒐集資料、統合資料的能力，也讓同學藉由小組討論，學習如何進行資訊與想法的交流，以從中激盪出同學創新的想法。

除了課程上面的設計，也結合數位化網路教學的方式，將每週授課的簡報資料及相關補充教材上傳至學校網路教學平臺

（C.U.2.)、eelearning，方便學生隨時隨地下載教學資料，讓學生做到課前預習，課後複習的功效，利用此網路教學平臺，讓學生隨時隨地都可以學習餐旅人力資源管理課程。

本課程設置「教學助理制度」，教學助理協助教師在授課前整理教學所會使用到的資料彙整放至網路教學平臺，並將上課需使用到的設備器材準備齊全。教學助理也擔任教師與學生之間溝通的橋樑，把老師與學生的距離拉近；不僅如此，教學助理也協助學生一起討論個案，必要時也會進行課後輔導，協助學生銜接教師授課內容，而教學助理也能從中加深餐旅人力資源管理之相關知識以及文書相關技能，達成雙贏的局面，此外，於期中考之後，聘請產業界之「專家蒞臨教室」，作面對面的經驗分享與傳承，會後並要求學生書寫心得報告，列爲學期成績的評量標準；爲了使學生了解產業界經營管理之現況，精心安排「企業參訪」活動，結合產業界的資源，透過其人力資源部（HR）工作人員解說導覽，說明業界的工作條件及相關法令，並且安排Q&A之機會，充分明瞭產業人力資源運作之情形，毋庸置疑活動之後的回饋問卷結果，反映這門餐旅人力資源管課程實施教學實務與設計重要的參考依據。

二、餐旅教育教學評量

針對以上教學實務設計理念與作法，利用平時上課表現，期中考及期末機制，於是檢測學生學習評量採用三等級評量法，第一針對學生的學習能力鑑定採取術科測試，專家分享及各種場景面試技巧、職涯規劃等作一對一的模擬及測驗，然後針對學生表現的缺點逐一檢視改進，老師針對其結果再予示範教學與糾正，給予期中成績此部份佔百分之三十，第二階段就教授課程內容，予以訂題目，讓學生分組報告，訓練學生上臺報告之經驗，學習簡報的技巧與能力，由老師及學生針對報告內容提出問題諮詢，訓練學生反應能力，從而達到餐旅人力資源管理課程內容的深度與廣度，此部份佔學習成效的40百分比，第三部份，針對學生平時上課的表現與學習態度和出缺席的狀況，佔30百分點成績，這樣三個部分的學習評量方式，可以檢視這個課程的學習效果，達到課程理論基礎與實務演練的雙邊效能。

針對餐旅人力資源管理課程這門課程，個人藉由學生回饋意見，用以瞭解個人班級經營及餐旅人力資源管理的能力。透過問卷（Likert 7點量表）分析成果可知，個人教學表現不論在：1.營造良好的學習環境；2.達成教學效能；3.相關的人、事、物和時間等要件加以規劃、執行、處理和管制的能力均極為優秀。基本上，各類班級氣氛、學習情境、班級規定、教學時間、資源與檔案應用高於5分，並且多項達到6分以上。由此可知，個人教學受到學生好評，而學生也在課堂中得以融入團體生活，以及受到教師公平對待，符合學生學習需求。

表2　教授課程之教學評量問卷結果

年級（人數）	1年級（32）		2年級（33）		3年級（23）		4年級（18）	
營造良好互動班級氣氛	M	SD	M	SD	M	SD	M	SD
教師建立任教班級共同的願景與目標	6.28	1.08	5.97	0.95	5.35	1.37	5.33	1.88
教師激發任教班級榮譽感與凝聚力	6.28	1.08	6.00	1.06	5.30	1.64	5.56	1.25
教師建立任教班級良好的溝通方式	6.47	1.02	6.42	0.71	5.78	1.54	6.17	1.10
營造安全且有助於學習的情境	M	SD	M	SD	M	SD	M	SD
教師布置適當的學習環境	6.47	0.80	6.18	0.95	5.39	1.31	6.11	1.02
教師妥適處理任教班級偶發事件	6.38	0.83	6.21	0.82	5.96	1.26	6.11	1.32
教師營造適當的學習情境	6.50	0.80	6.00	1.00	5.70	1.49	6.28	1.02

年級（人數）	1年級（32）		2年級（33）		3年級（23）		4年級（18）	
教師保護學生隱私	6.38	0.87	6.42	0.71	5.83	1.07	6.44	0.92
教師尊重學生感受與想法	6.41	1.01	6.52	0.67	6.00	1.31	6.44	0.86
教師依學生不同學習條件給予學生期望	6.38	0.98	6.30	0.77	5.57	1.47	6.44	0.86
建立有助於學生學習的班級常規	M	SD	M	SD	M	SD	M	SD
學生參與訂定任教班級常規	6.13	1.31	6.06	1.03	5.43	0.99	5.67	1.24
明訂合理的任教班級自治公約，並公平執行	6.28	1.14	5.91	1.04	5.61	1.03	6.00	0.97
有效輔導學生偏差行為	6.28	1.05	6.12	1.05	5.43	1.34	6.33	0.91
適時養成學生基本禮貌與生活規範	6.44	0.88	6.27	0.88	5.91	1.08	6.22	0.88
有效管理教學時間	M	SD	M	SD	M	SD	M	SD
教師妥善安排課堂教學時間	6.38	1.01	6.21	0.89	5.48	1.68	6.22	0.94
教師及時完成作業批閱	6.38	1.01	6.39	0.79	5.87	1.10	6.22	0.94
教師有效分配個人時間	6.31	1.03	6.24	0.83	5.74	1.54	6.22	0.94
有效運用教學資源	M	SD	M	SD	M	SD	M	SD
瞭解任教班級學生興趣與專長	6.19	1.09	6.27	0.84	5.74	1.54	6.28	0.83
善用家長及社區資源之資源	6.06	1.16	5.82	1.13	5.52	1.38	6.11	1.08
用網路、媒體及圖書館資源	6.38	0.94	6.09	0.95	5.61	1.27	6.22	0.94
有效管理教學檔案	M	SD	M	SD	M	SD	M	SD
教師會系統性建立教學檔案	6.25	0.98	5.97	1.02	5.61	1.34	6.00	1.08
教師利用資訊科技管理教學檔案	6.25	1.02	5.97	1.05	5.83	1.23	6.00	1.08

三、授課學生的反思與回饋

完成學生三階段評量之後，再針對以下兩層面進行在校學生與校友橫向反思與回饋，作一徹底的教學檢討與反思：

㈠在校生

在校大二同學在學期開始除了利用教科書認識餐旅服務人員管理相關的人力資源管理設計外，也透過期末分組報告選定各自要報告的目前臺灣餐旅業面臨的人力資源管理相關問題，並提出解決方法，讓學生從專業的角度出發，主動去尋找臺灣餐旅產業一系列的相關資料，且製作成簡報上臺向其他同學報告，進而加深學生對目前臺灣餐旅業人力資源管理現況有更深刻的瞭解，也讓同學能夠從中學習如何分析臺灣餐旅業與國外之差異。另外在同學報告完畢後，藉由師長講評與提供建議補充同學報告中不足之處，使同學能夠在上臺報告完後，仍然可以收穫滿滿的課外相關餐旅人力產業知識。

在同學分組討論報告的過程中也讓同學彼此間學習如何與人溝通、如何將自身的知識推己及人到臺下其他同學身上，同樣地課堂上反覆進行的經驗分享也能讓大二同學可以更清晰的吸收與認識臺灣餐旅業現況，然而，比較課堂教學理論上要來得淺顯易懂，也較能促進大二同學透過此次報告提升分析臺灣餐旅產業人力資源管理相關問題的能力。再者，大二同學本就有一定基礎，利用分組討論以完成報告，更能促進同學間互相表達看法，進行想法間的相互碰撞，以達到同學間相互成長的助益。例如於這學期之餐旅人力資源管理課程期末定題:臺灣目前餐旅業基層員工低薪問題之造成原因及如何解決？學生分組討論之後，反應之內容非常的深入而且思考的邏輯概念非常清晰，這樣的教學效果與反思回饋，啓發學生的思考邏輯訓練及培養學生解決問題的能力，如此之教學反思正是印證教學創新培育人才之效果。此將學生分組報告之內容分置於下：

表3　大二同學期末分組報告內容

臺灣目前餐旅業基層員工低薪問題造成原因及如何解決			
組員	40718105張家綺	40718115蕭曼玉	40718119石恬瑄
內容	首先從定義、經營模式與理念、未來發展……等來分析臺灣餐旅業，其中指出餐旅業包含餐飲、住宿及旅遊等營利事業，且因應市場需求與e化時代，多採取「網路行銷」模式，未來會更趨向企業化、國際化。 再者分析臺灣餐旅業基層員工低薪原因，主要原因有三：1.大專上教育過度投資，以至於「服務業」人力大幅供過於求，壓抑了薪資；2.產業升級緩慢，縱使服務業整體生產力提升，規模小的企業利潤增加仍然有限，加薪不易；3.學非所用，新領域的需求提高，因此企業只願意以低薪聘用。 最後提出臺灣餐旅業基層員工低薪解決方法，主要建議有十項，分別為：薪資透明化、提高時薪、加速產業升級、降低受薪階級負擔、提升人力素質、降低學用落差、鼓勵創造高薪的產業發展、控制移工數量、降低保留盈餘的誘因、提高勞工團體協商的能力。		
組員	40718110洪新宜	40718137劉秝婷	40718142羅彩予
內容	首談臺灣餐旅業的薪資現況，指出餐旅業基層低薪現況非一朝一夕而成，其中不外乎有些許原因，不管是雇主與勞工間的關係、勞基法之修法及草案、行政院是否同意都是重要的一環。 緊接著帶出餐旅業低薪問題的主因，包含1.一窩蜂現象，餐旅業進入門檻相對較低，業者、競爭者增加，低加銷售策略即產生低薪問題；2.成本比例相當高，員工薪資基於成本考量自然不會高；3.教育失控，過多的實習生讓老闆不擔心找不到人，因此降低了學習的品質及員工基本薪資。 文末提出政府如何解決此問題，短期措施包含公部門主動調升低薪者總薪資至3萬元、鼓勵企業加薪，以及提高法訂時薪…….等；中、長期措施則有加速產業升級、降低學用落差、降低受薪階級負擔……等。並根據上述內容做出結論，要解決餐旅業低薪問題除了外在需要政府的配套措施來支持，更需要求職者的努力付出才能遠離低薪的問題。		

組員	40718111黃懷恩	40718114楊奕霆
內容	首先分析低薪族集中之產業，臺灣以「住宿及餐飲業」、「批發及零售業」、「支援服務業」三大產業為主要低薪產業，其中又以餐旅業為最大宗。 再者分析餐旅業基層員工低薪問題造成原因，包括技術門檻較低，因此不願意開高薪；離職率較高，更拉低行業平均薪資；企業為節省人力成本，壓低基層員工薪資；缺乏精緻的商業模式，無力支撐較高的薪資水準……等。 接續提出六點餐旅業基層員工低薪問題解決方式，分別為1.促進服務業升級；2.強化青年從學校至勞動市場之接軌；3.鼓勵企業加薪；4.提升人力素質；5.員工提升自身專業性、語文能力；6.建議勞動部提升基本工資。	
臺灣目前餐旅業勞資關係衝突的原因及解決方法		
組員	40718127李盈萱	40718131林靖家
內容	首先提出近年來餐旅業勞資衝突的原因，大致歸納成以下幾點：勞資雙方心態認知上的差異、員工人數增加主要集中於薪資較低的行業、勞資雙方在法令遵守上的差異、解嚴後給勞方帶來渲洩的時機、工會力量的強化、有樣學樣的心理、公權力與公信力不張、政治勢力的暗中介入以及勞工成員的結構迥異往昔等。 緊接著提出餐旅業勞資關係衝突的解決方法，建議包含1. 建立溝通管道，藉由建立多重管道的溝通，調解勞資雙方心態及理念上的差異；2.落實教育訓練，不只加強主管才能之提升，也提昇員工知識及技能，更灌輸工會幹部、會員、勞工等勞工法令知識；3.建立公平、公開、公正的人事管理制度，以確保員工之權益，並激勵員工力爭上游之企圖心；4.推行參與管理，藉此有效激發員工潛能，增進其自我滿足；5.辦理員工分紅入股制度，使員工成為股東，使員工從勞方轉變為資方。	
組員	40718116 蕭采臻	40718116 蕭采臻
內容	文章開頭提出造成餐旅業勞資衝突的有四大主因，依序為：1.勞資雙方認知有落差，隨著社會的民主化，勞資雙方的思考模式也跟著改變；2.勞資糾紛解決機制的缺失，工會還無法起到真正代表勞方和資方進行平等協商談判，勞動爭議案件仍得不到及時、有效、公平的解決；3.勞資其中一方未遵照團體協約履行義務；4.勞方對於資方不滿；5.資方積欠工資，經勞工請求未獲清償導致勞工產生不滿心理。	

	根據上述五大問題提出解決方法，除了加強雙方合作與協調關係，增進員工福利，也注意談妥與自身權益相關的事項； 契約的內容必須合理且公正，且雙方必須履行合約上的內容，任一方未遵照契約履行義務則向公正的管道進行審理或是調解。	
臺灣餐旅業第一線員工福利制度欠缺造成的原因及如何解決		
組員	40718120李玉萍	40718122鍾雨宸
內容	以介紹員工福利開始論述，文中指出其通常與員工的績效無關，而是一種提升員工福祉，促進企業發展的管理策略。並提出前十名中最受企業青睞的福利制度。並在福利措施基本認識後，文章指出員工福利制度隱藏的問題，例如：深受員工喜愛企業卻不採用的福利、如何制定出適當的員工福利吸引優秀人才以及如何在員工福利以及企業利益中取得平衡等。 文末提出結論，建議企業第一季可先廣發問卷，了解員工需求，分析他們較需要安全感、價值感、富足感或寧靜感；第二季就依產業與企業文化，規劃適合的福利制度。第三季執行制度後，第四季進行滿意度調查，隔年務必重新檢視執行後的回饋。	
組員	40718143楊寶心	40718146松崎千春
內容	首先講述2019 年觀光旅館產業發展近況及展望，自由行旅客占比逐年上升，觀光收入不增反減，故可知觀光產業於 2019 年仍屬艱困。第二段概述臺灣餐旅業第一線員工福利制度欠缺造成的原因，五大點分別為：1.新或小公司沒有足夠的資本、2.公司沒有盈利、3.公司發展機會有限、4.無法向員工提供免費保險、5.工作時間過多。 最後一段則說明第一線員工福利制度欠缺要如何解決，除了在剛開業時能多進行促銷及宣傳活動，增加營收；利用外部招募等方式加強行銷方式，為公司帶來獲利；簽訂保險公司合作給予員工應有的權益，以及招募新員工，以解決工時過長的問題。	

大一同學升上二年級後，大三實習面試也將隨後而至，此時銜接餐旅人力資源管理課程，教授同學面試技巧、勞資關係、職涯發展……等餐旅人力資源管理相關知識，以幫助同學在面臨實習面試時能做足更充分的準備。

表4　輔導大二同學餐旅人力資源管理課程

<table>
<tr><td>
教導學生職涯發展和規劃</td><td>廣義的生涯是指整體人生的發展，也就是說除了終生的事業外，更包含個人整體生活型態的開展。
透過永賓老師詳細的講解能更加明白進行職涯規劃的益處，謝謝永賓老師如此用心教授餐旅人力資源管理課程。</td></tr>
<tr><td>
教導外籍學生面試的技巧</td><td>升上二年級下學期後，便要開始準備大三的實習面試，一開始是徬徨的，但透過永賓老師在餐旅人力資源管理課程的教導，以及私下針對有疑問同學的課後輔導，開始對如何著手準備面試資料有了初步的概念，真的很感謝永賓老師的幫助。</td></tr>
</table>

㈡校友就業及進修反饋

由於大三校外實習與各大旅館（威尼斯人、君悅酒店、喜來登、W-hotel……）、休閒農場、主題樂園、各大旅行社……等皆建立了良好的產學合作關係，讓學生能早一步利用學習到的餐旅人員管理知識。而在本校實習生及應屆畢業生於畢業後進入職場執業時面對不同公司文化與制度，也能學以致用將在校有關餐旅人力資源管理所學應用在職場上，藉此在世界各地不斷向上提升自我、貢獻於就業公司，將來也將爲臺灣餐旅業孕育更加優秀的人才。

畢業之後的校友對於在校期間之老師的教學反思與回饋是非常寶貴的意見，本文特別蒐集校友之心聲意見，列舉如下：

表5　畢業校友課堂反饋

畢業校友：林家妤	
餐旅人力資源管理	在餐旅人力資源管理課堂中除了講述其概念及實務上之運用，也特別提出如何擴大求職管道以幫助學生就業，其中有效利用人際關係就是一大良方。校友家妤在畢業後就業時也提出除了掌握自身條件能力外，適時善用人際關係，確實有助於增加應試機會。 另就業中自身權益也是餐旅人力資源管理中需了解的實際議題之一，除了身處在人資部門主管時，懂得如何規劃以保障員工權益；若是處在員工的位置上時，也更能幫助學生了解相關的法規以維護自身權益。
畢業校友：陳苾鈞	
餐旅人力資源管理	目前在日本飯店業就職的苾鈞校友認為「人」是最難管理的，且在人生中必須一直面對的就是如何與人相處、如何管理人，尤其在校時苾鈞校友曾經擔任過班代的職務，面對大小活動進行人力資源的分配，更清楚感受到人力分配的困擾。 透過餐旅人力資源管理課程以及飯店民宿管理相關的知識，讓苾鈞校友能結合專業理論與自身經驗實際運用餐旅人力資源管理這門課程所學，另外老師於課堂上時不時提到課程以外的正向思考觀念、做人處事道理，也對目前身為服務業者的苾鈞校友產生莫大影響，讓其更勇於迎接挑戰並解決所有難題。
畢業校友：靳亨宇	
餐旅人力資源管理	畢業校友亨宇在攻讀瑞士洛桑酒店管理學院的碩士時，其中一個課程要求給予知名連鎖酒店提供顧問服務，執行的過程中透過在校修習餐旅人力資源管理時所學，包含如何刺激餐旅產業生產力及工作環境等…面向來嘗試了解該酒店員工積極行銷會員制的程度、高層是否有建立有利於員工達成目標的工作環境，並試圖從中發掘有無改善現今會員制的方法，及如何將其連結至提高顧客忠誠度以達到最終目標一提升該公司的顧客忠誠度和如何與網路旅行社（OTA）競爭。

畢業校友：林佑宜	
餐旅人力資源管理	校友佑宜在畢業進入club med就業後提出其認為企業的好壞從招募遴選、教育訓練、員工關係、薪酬福利一直到績效評鑑等......都要納入考量，而其在校時能藉由分組進行企業報告分析，加上老師講評時給予的實例分享對其有很大的助力，此外透過在校課程中對於餐旅人力資源管理的講解也可得知企業最大的資產其實是員工，故畢業後校友在面試時，也學到透過了解該公司對員工訓練及是否注重員工關係來選擇企業才能真正選到適合自身平率的企業。

畢業學生與作者分享企業徵才條件	訪視學生在桂林club med實習
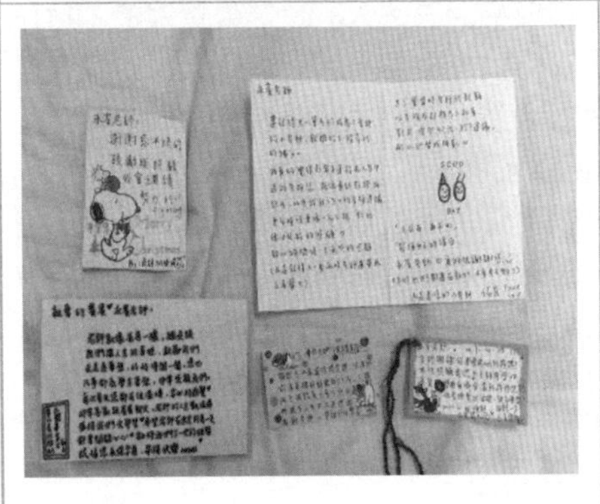	實際進入職場後便深刻體認到永賓老師課堂上說過的「餐旅人力資源管理內容是從踏入職場開始直到離開職場的整個過程」這句話的意義。 在永賓老師的教導下，我才明白餐旅人力資源管理範疇廣大，不只是員工遴選很重要，員工進入職場後的教育訓練、企業整體福利制度，甚至於勞資關係、勞工安全與衛生管理都是需要用心思去規劃並實際執行的。
畢業校友反饋小卡	

四、餐旅教學成果績效

㈠教育部深耕計畫—校外參訪

為了增進學習之成果與績效，嘗試使用校外教學方法及專家蒞校經驗分享，針對餐旅人力資源管理課程內容逐一驗證，增進學生之學習成果，透過教育部深耕計畫之資源參訪漢來飯店及觀光工廠，並帶領學生從事愛河川環保志工活動，教學成果非常豐碩。

餐旅人力資源管理之技能應用方面廣泛，爲使學生了解餐旅人力資源管理結合飯店住宿及餐飲服務之相關經營模式以及飯店內人力資源分配，故透過教育部計畫「108年度技專校院高等教育深耕計畫系列活動」前往漢來飯店進行校外參訪，增加學生對飯店業者的營運與人力資源管理等方面有更深刻的認識，並且驗收教學活動之成果，分享學生之參訪心得，顯現教學成果溢於言表，成果輝煌。

表6　參訪同學心得分享

40718101顏婉蒨	40718102楊欣庭
漢來飯店對於員工的培訓都相當專業。員工除了自己分内的事連分外的事也會幫忙注意，是一個很好的工作環境。	最印象深刻最喜歡的是龍蝦酒殿，從45層的高樓俯視，還有專業的鋼琴演奏師。既可品嚐美食、啜飲醇酒，也可聆賞樂音及眺望港景。
40718105張家綺	40718106康雅妍
參觀餐廳部分時，最印象深刻的是牆上每一片都是投螢幕。不管坐在那裡，旅客都能夠鉅細靡遺看到臺上，兼顧了所有旅客。	客房的部分，第一間豪華套房有一個客廳和兩間廁所，能看到港景，也能感受到漢來對客人無微不至的照顧，在走廊就設計了一間廁所。
40718110洪新宜	40718112黃孟詮
國際宴會廳外面的拍照牆，為了不使客人在等待中無聊，特別設置了供遊客拍照的區域，是很貼心的服務設施。	負責帶導覽的解說員全程都很有禮貌，一直保持著微笑，態度真的很好，還有詳細的說明，深深感受到漢來飯店人員訓練方面真的做的很好。

40718114楊奕霆	40718116蕭采臻
飯店內無論是服務、餐飲、客房，完善又貼心的服務都是可以學習的地方，未來若進入到餐飲服務業，如何帶給顧客高品質的服務，更是該思考的。	為了看看外面業界的營運模式，除了邀請業師到校演講，也寫計畫去參訪業界餐旅業者，並從中挖掘更多不一樣的新事物，增廣見聞了許多。
40718120李玉萍	40718125林芯慈
餐廳熱食區的服務人員都很親切而且動作很迅速，身為同業的學生看了只覺得技術真的很專業，能夠進到飯店參觀是一個學習的好機會！	不管在客房還是餐廳都可以看到許多細節，大多都有貼心的客製化服務，除了認識到服務中的高品質，也學習到許多相關的知識及服務方式。
40718127李盈萱	40718136王玟心
其實大部分同學都是到各大飯店去實習，所以實際參訪是很實際，很有幫助的。從中學到的將遠遠比我們在書本中能學到的東西多。	這次很榮幸能夠到漢來大飯店參訪，因為漢來飯店本身在高雄就是一間很經典的酒店，透過參訪又能看見平常不會了解地方。
40718133許詠渝	40718140陳虹真
到漢來大飯店進行參訪及享用下午茶，幫助了解漢來大飯店每一層樓的運作，也參觀了幾種房型，增加了對漢來大飯店的認識。	藉由這次的活動讓我大開眼界和深入了解高級飯店的格局和專業性，明年的實習也確信無論處於何飯店，該具備足夠能力才能與它相稱。
40718143楊寶心	40718146松崎千春
飯店內不但客房、餐飲員工服務都很好，連接待員服務客人都非常迅速。由此可見漢來大飯店的人力資源訓練非常專業。	深深感受到跟每天待的環境並不一樣，畢竟學生還不會去那麼高級的飯店，有這個機會來參訪，看到很多不一樣的設施與服務非常好。

專家蒞校分享經營	企業參訪：漢來飯店

 觀光工廠參訪同學大合照	海外教學活動：

㈡教育部深耕計畫—專家蒞校分享：經營管理經驗傳承

爲了使學生更了解餐旅產業目前經營管理的現況及面臨人力資源管理之問題，利用教育部深耕計畫之經費，邀請目前於臺南市經營民宿經驗豐富的兩位經營者蒞校作兩場精湛的演說，傳承寶貴的分享並獲得學生熱烈的迴響。

表7　聽講同學心得分享

40718101顏婉蒨	40718105張家綺
藉由講師的講解除了能更加瞭解臺南當地的歷史文化，也明白如何利用當地特色進行創新經營，以及如何公平公正的將人力資源妥善分配。	講師說希望未來以合法的「民宿管家」來解決人力不足的問題，開闢了另一條使觀光轉型以拚經濟的路。另關於留在產業中，熱情結合興趣才是幸運。
40718106康雅妍	40718108張欣媛
講師介紹「瓦盤鹽田」是需要人工拼貼方式才能完成，可見術業有專攻，每個人都在自己擅長的領域內發展，配合在一起就能完成龐大工程。	聽完演講後更親自上網搜尋相關資訊，民宿整體建築就滿滿的荷蘭風格，還有很多古董、壁畫，整間民宿富有荷蘭歷史文化氣息，是很特別的民宿。
40718110洪新宜	40718111黃懷恩
在此行業中最重要的就是「創新」，在其他競爭者推出相同服務時，原有的優勢就下降了，唯有不斷改良與創新，才能滿足顧客需求。	有關於民宿經營與管理是平常學習沒有常常接觸到的，藉由這次演講可以進行學習，能夠吸收新穎的知識感覺對未來幫助頗有助益。

40718113馮語翎	40718114楊奕霆
演講結束後，也好奇的上網尋找民宿資訊，除了從裝潢中能看到講師的用心，也能從房內裝飾中瞭解臺南在地文化及荷蘭傳統風情。	本身就對民宿管理相當有興趣，藉由此演講能收獲很多。其中由於民宿採獨立經營，若具備整合力、創新力、資訊力、故事力、品牌力會經營得更好。
40718115蕭曼玉	40718116蕭采臻
整場演講中，充斥著大量歷史知識，比起以往單純用課本，一字一句學習、死背，藉由講師精細講解，反而有更深刻的印象。	講師講述的歷史中講述陳永華建設臺灣時，規劃了一套完整的教育制度來培育、拔擢人才，應用到現在才能在各個領域內不斷造就優秀人才。
40718117蔡莉萍	40718118陳品蓁
住宿業供過於求情形下，創新經營與行銷手法成為重要關鍵。講師的企畫中很特別的是，將推出的文創品結合荷蘭木屐鞋與臺灣原住民圖騰。	來自業界的講師所分享的經歷更加的寶貴，除了有實務上的行銷手法展示，也有精彩的經營模式分享，對未來求職一定有很大的幫助。
40718126鍾雨宸	40718128馬玉龍
講師分享國外快閃行銷手法，在國外確實有效的吸引了眾多消費者的目光，但由於國內社會風情不同，故相同的手法卻並不一定適用於臺灣。	透過演講與課程的結合，能更深刻瞭解運用人力資源館哩方法的重要性。另外，隨著網路技術發展，人力資源管理信息化將發揮巨大作用。
40718133許詠渝	40718136王玟心
講師將旅館結合當地傳統歷史文化，以自身經驗進行分享。除了能收獲課外知識也能瞭解現代人追求現代化之餘重視周遭旅遊品質之重要。	臺灣旅宿業隨著觀光轉型，民宿業者逐漸興起，能藉由這次演講認識一間有歷史文化特色的民宿非常有意義，也希望未來有更多演講機會。
40718139田秋謹	40718140陳虹真
講師講述臺南歷史時，提到鄭成功之所以會走向這麼重要的地位，也要特別歸功於陳永華的輔佐，或許這也是鄭成功會用人的地方吧。	講師以自身的成功經驗作為分享，並詳細講解，除了有更進一步對民宿產業產生瞭解外，也發現看似平淡無奇其實好好發揮便有大用。

校外教學感謝廠商解說導覽	高雄海洋局愛護河川活動 帶領學生擔任志工導覽工作

荷蘭洋行二館民宿大廳擺設	專家分享經營管理故事

五、教學結論與建議

餐旅人力資源管理是各大產業昇華的催化劑，在創新時代，智慧和人力資源是企業最有價值的資產，已是現代各大企業的核心競爭力來源。知悉如何管理不同的人力資本，更能為組織、為公司創造價值。因此，在餐旅人力資源管理課程的教學設計及規劃就必須將餐旅人員招募與遴選、勞工安全衛生管理、勞資與薪資關係……等納入教學目標及培養學生具備工作設計之技巧，簡言之，作為餐旅人力資源管理課程之教學設計者，除了要專精餐旅人力資源管理理論之外，也要孰悉管理技能應用在餐旅業或其他產業之實務操作，並融入旅館產業及會展產業等人力資源管理教學內容，更要輔以管理領域之教學實務設計，並且利用校外教學活動及海外參訪企業之途徑，增進學生之學習興趣以達到高度教學成果與績效。

本課程利用教室以外之教學方法。得到學生普遍的接受與贊同，並且獲得很高的學習效果，主要的原因是現今學生之學習態度希望授課教師能採用不同的教學方法，也就是要求新求變，例如:校外教學活動及企業參訪，聘請產業界的菁英蒞班演講等不同的教學方式，更重要的是活動之後的成果驗收非常確實執行，如此就可以得到預期的效果，增進學生差異性的了解，以便班級經營之成功。

餐旅產業是以人力素質良窳關鍵的產業，學校的教學成果與績效是奠定學生跨入職場表現的推手，每一位教學者必須善用各種教學方法，檢驗自我教學成果與績效，面對千變萬化的企業環境，務必教育訓練學生習得一技之長及良好的人際關係，如此，可以接受外來的各種挑戰，從學校到職場的路徑，也才能一路平坦，創造優良的餐旅人力資產，邁向永續的發展。

建議：綜合以上之結論，得到以下三點建議：

1. 善用各種不同的教學方法與企業資源，打造師生雙贏的教學模式。
2. 落實各階段的學習評量機制，務實面對學習的各種挑戰。
3. 引領學生以職場就業為依歸，創造學校職場無縫接軌的教學規劃。

陸、訪談民宿經營者人力問題

一、東寧文旅個案探討

東寧文旅位於臺灣府城的五條港地區，充滿濃厚臺南舊城區的臺灣記憶。東寧文旅週邊古蹟景點眾多，也是臺南舊城美食小吃最密集的區域。東寧文旅緊鄰的正興街、國華街、海安路藝術街及神農老街等，正是年輕旅行者時下最夯的臺南旅行必訪景點。

東寧文旅保留原先老旅館的空間結構，並爲旅客設計了20個不同的房間主題，讓入住的旅客有不同驚喜，是臺灣唯一以「地圖 Map」爲主題的風格設計旅店。

東寧文旅一景（上圖）

民宿人員的招募與聘用大多利用網路求職平臺（1111人力銀行、yes123求職網）；此種方法被大多數民宿老闆採用，利用網路平臺招募人員，可以快速找到需要的人才。在教育訓練上則是讓有經驗的員工來指導新進的員工，以大帶小的方式，傳達工作內容與在工作上給予指導。

作者與民宿業者合照（上圖）

民宿人員的薪資與獎勵制度在薪資上依照規模與營業額的不同，從兩萬到三萬五的薪水都有可能。獎勵制度則是因爲民宿管家並非實質的上下班制，遊客並不會因爲是你的下班時間而不打電話，即便是半夜也有可能接到訂房，因此在正常的上下班制之外，如果員工能夠多接到訂房，業主便會以一定比例給予獎勵。所以民宿人員的薪資和上班人員的計算方式會有所不同，是以基本的薪資外加獎勵的方式作爲一個月的薪資。

問題與討論：

1. 你認為民宿從業人員的薪資合理嗎？為什麼？
2. 你認為責任制及輪班制的優缺點為何？

二、荷蘭洋行（二館）個案探討

荷蘭洋行（二館）位於臺南安平區國平路，以荷蘭時期的臺灣作爲發想，大廳設計仿照早期荷蘭風格，桌椅、裝飾皆爲特別製作，最顯眼的莫過於一隻在大廳中央的大木屐—爲荷蘭最具代表性的工藝品。荷蘭洋行強調用說故事的方式串連一切的住宿體驗，牆上的壁畫也講述著荷蘭人1624年來臺的點點滴滴，用文字訴說著荷蘭的故事，供現代人穿越時空回味。

本民宿徵才方式通常爲同業介紹居多，因受到政府政策及時代變遷影響，現今年輕人對於民宿業認同感不高，缺乏犧牲奉獻精神，所以在職員教育訓練時會以故事法的方式，讓員工更了解此民宿的故事以及願景，藉此提升員工對於民宿業的認同感。在薪資部分除了基本底薪之外也會有業績獎勵制度，由於網路訂房平臺會與其他平臺競爭，需一直調低原先該有的房價，再加上同業的同質性太高，因此也造成民宿業者諸多不便。雖然普遍大眾都認爲民宿就是將自家多於的空間拿出來賣賺點錢，可是卻沒有想到有那麼多事情需要做，其實民宿就如同小型旅館，但是旅館都有各個部門來分擔這些工作，然而民宿卻沒有，所以老闆認爲民宿必需要規模化以提升品質，經營民宿須自己去創造屬於自己的故事，然後再去發展新的業

荷蘭洋行（二館）一景一

務，與旅館做區別。

問題與討論：

1. 如果你是民宿老闆，要如何規劃自家的民宿概念，與一般旅館做出區別？
2. 你認為利用在地歷史故事的連結傳達給員工，能夠提升員工對於民宿的認同感嗎？

荷蘭洋行（二館）一景

作者與民宿老闆陳俊銘先生合影

三、福憩背包客棧（緣憩館）個案探討

福憩客棧緣憩館位於臺南市中西區，鄰近林百貨、美術二館、司法博物館、文學館以及蝸牛巷，其中蝸牛巷是臺灣文學作家—葉石濤筆下的彎曲巷弄故居所在，更替這裡增添了一番文藝氣息。緣憩館床架皆為原木打造，空氣中帶著淡淡的原木香。天井下方有個小魚池，小魚們自在的游來游去，就像來福

福憩背包客棧（緣憩館）

憩背包客棧的旅人一樣，盡情享受臺南的人情味與自在。

人員招募方式以網路求職平臺（人力銀行）爲主，利用網路科技能有效及快速招募到人才，薪資則是符合基本勞基法。在職前教育訓練上，民宿採用內部自己的SOP來教導新進的員工，讓員工在服務顧客時，能有一套標準的服務流程爲顧客服務，減少服務上的差異性，達到標準化。

民宿在網路上也會提供打工換宿的訊息，招募到對民宿工作有熱忱、認眞積極及熱愛結交各國朋友的工作夥伴，還有提供專長換宿，能招募到有特別專長的人員，像是部落格網頁設計、水電工、室內設計……等，一方面能節省人力成本，另一方面支援民宿所需的人力。

問題與討論：

1. 你認為自身具備哪些能力可最為專長換宿的能力？
2. 在制定民宿教育訓練的SOP時，應區分那些工作岡位？（EX：房務、民宿管家）

交誼廳供來自各地旅客交流使用

四、艸祭客棧個案探討

作者與艸祭客棧老闆合影

艸祭Book Inn 位於臺南市中西區南門路，是一間以書店爲主題的民宿，使用大珍藏已久的老物件改造居住空間，藏書豐富，遊客可以挑選一本好書，找個角落，享受一個人的文青時光，用書籍豐富心靈，旅行豐富人生，也期待帶給顧客家一般的歸屬感。

由於此間是由三間民宿合成的，規模較一般民宿大，所以分有櫃臺編制及房務編制，但有時櫃臺也會去支援房務。在職員教育訓練的部分是以較資深員工帶新人的方式，向他們說明工作內容。而薪資方面除了基本底薪之外也有獎勵獎金。困難的地方就是民宿的量體並沒辦法去支撐老闆完全去請人來做，因爲民宿在中央政府法令規範還是以副業經營，副業經營會有一定的限制，所以老闆也建議政府跟學校可以制定相關政策以支持民宿業。

艸祭客棧室內營造書香氣息

問題與討論：

1. 你認為多家民宿聯營有哪些優缺點？

2. 假設你是一名大學剛畢業的社會新鮮人，你會選擇到民宿工作嗎？

五、漫步南國個案探討

漫步南國位於臺南市民族路，開門進入，可以馬上感受到濃濃的古城歷史風情。大門的接待處，就是仿著名的赤崁樓（普羅民遮城）城牆而建的赤崁樓（普羅民遮城），天花板則是利用古早毛玻璃和鐵花窗做成燈飾，別出心裁。慢步南國是兩棟打通的，前往屋內房間的動線都是依循臺南四百年歷史軌跡而設計的。橫跨大航海時代→荷蘭時期→明鄭時期→清治時代→日治時代，走過一次，就等於看過府城歷代建築特色一遍，期待與顧客一同走過臺灣的歷史。

人力招募方式以網路求職平臺（人力銀行）及友人介紹為主，民宿內管家負責接訂單跟接待客人外，老闆會看整個營業額發放獎金，作為獎勵。

員工職前教育訓練主要是由民宿管家人員帶領新進員工，這個行業除了房務外，還有很多東西需要學習，藉由此訓練方式彼此能互相學習，老闆也希望每個員工都能學會各個部門的技能，方便未來在民宿人力上的調度。

問題與討論：

1. 你認為這樣的薪資制度的優點及缺點有哪些？

2. 試比較線上平臺員工招募與友人介紹的差異性？

漫步南國民宿一景

作者與漫步南國民宿老闆合影

六、總結

綜合訪談業者，發現民宿經營管理如下：

一、現今的民宿管理辦法及相關法令迫切需要檢討與修改。

二、經營者均以專業經營而非副業爲之，明顯與現行法令不符之處。

三、經營管理之定位策略（positional strategies）相當困難。

四、人力資源之問題必須多元面對：

㈠召募管道以人力仲介爲主。

㈡工作內容多元負責。

㈢薪資制度難以優渥。

㈣教育訓練師徒制爲主。

政府應該廣納民意、積極而非被動式的管理:因旅館業仍爲住宿產業的最大宗，在顧及雙方利益下無法隨意調整民宿法內容，反而縱容未合法的民宿與日租套房事業逐漸擴大，衝擊到合法之民宿產業，政府僅僅針對個案辦理，還尚未有完整種配套措施來因應現在的住宿生態。民宿仍舊屬於較小的微型產業，在夾縫中求生存下，仍期許政府能對此產業進行集中化、有組織地管理，更勝於零散的取締。

七、問題與討論

1. 民宿業者與訂房網站之糾紛，因訂房網站的比價意味明顯，爲了讓數字好看造成削價競爭。
2. 民宿主人無法獲得顧客電話，無法避免顧客no show。
3. 某些訂房網站爲了提升交易量，無預警售出空房，民宿主人卻無法第一時間得知，造成房間偷賣的問題。
4. 觀光類科系畢業之學生心態與民宿業者要求相去甚遠，因民宿規模較小，大學生畢業寧可選擇去大型飯店工作，而不會選擇像民宿這樣的小型產業，在心態上不符合民宿業者的需求，且民宿招募之人力不需過於專業，業務工作相對單純，基本工作做好即可，只要經過內部一定的教育訓練，如老鳥帶菜鳥，前期工作較易上手，不需相關科系的人也能從事民宿相關事業。因此現今也較少和教育單位合作進行聘用，建議可以往此方向培育專業管理人士建教合作，作爲未來出路發想。

第二篇

個案探討

壹、緩慢金瓜石民宿

一、人物介紹─薰衣草森林成立背後推手

緩慢金瓜石以薰衣草森林旗下之旅宿品牌與旅人相見，可以說沒有薰衣草森林就沒有今日的緩慢金瓜石，因此薰衣草森林背後推手們非常重要，以下本書將對背後的小尖兵們進行簡要介紹。

慧君

慧君一直很喜歡香草相關的產品，後來慢慢地有了自己種香草的想法，所以在假日閒暇之餘，會到香草農場學習，後來產生了種植一畝薰衣草田的夢想，在臺中新社找到土地後，毅然決然辭職，抱持著實現夢想的信念，她踏出追夢的腳步……

庭妃

庭妃雖然是一位鋼琴老師，但夢想著能開一家咖啡店，一開始只是希望在城市中經營著小咖啡店，並且結合她喜愛的鋼琴，一直到因緣際會下接觸香草，也認識了慧君，發現彼此都有相似的夢想與相投的興趣愛好，因此她也放棄鋼琴老師的職務，不顧他人不看好的眼光，堅持地向夢想邁步……

王伯伯（地主）與王媽媽

在十幾年前，王伯伯是一位農夫，一位種植檳榔樹及農作物的農夫，後來他決定幫助兩個女生圓夢，現在他依舊是一位農夫，一位照顧薰衣草的農夫……

王媽媽初期是薰衣草森林的御用廚師，後來轉戰加入薰衣草田

守護者行列，現在也兼任最佳園丁……

備註：本節圖片來源自薰衣草森林官網。

二、關於緩慢

(一)緣起故事

因爲緩慢金瓜石隸屬於「薰衣草森林」旗下的「緩慢」旅宿品牌，因此在提到其成立背景之前必定要先介紹薰衣草森林的創立故事：

薰衣草森林創辦人爲花旗銀行員詹慧君與鋼琴老師林庭妃，她們都深深地被北海道美瑛的薰衣草田吸引，在因緣際會下，慧君與庭妃找到臺中新社的一畝地，希望可以將原本的檳榔園修整爲她們愛戀已久的薰衣草田，很幸運地，地主王伯伯願意圓滿兩個女生的夢想，於是薰衣草森林順利在臺中新社中和村誕生。

同時，北海道美瑛緩慢的生活步調、氣息也讓慧君與庭妃迷戀著，她們想讓更多人感受「慢」的美好，於是緩慢成爲薰衣草森林的旅宿品牌，正式將慢生活打入旅人心中，將她們的夢想，變成溫暖的旅舍，讓旅人閱讀、體驗、記憶、喜愛、迷戀……。

(二)成立沿革

「緩慢」目前有三館，於2006年緩慢奮起湖率先與旅人見面，2009年緩慢金瓜石接著誕生，同年，緩慢奮起湖停業，2010年與2012年，緩慢北海道與緩慢石梯坪先後開業，而在2013年，緩慢金瓜石拿下「創意生活事業授證」[1]，此後其他副品牌也陸續誕生，爲旅人帶來不同美感體驗。

1 經濟部工業局從民國92年起提倡「創意生活產業發展計畫」，鼓勵業者從生活中發揮創意，並將創新與文化融入經營模式內，強調有趣、有感、有味的體驗與服務。

㈢背後理念

緩慢官網上說：「慢一點，靈魂才會跟得上」，而緩慢的英文：Adagio，也代表著音樂中的慢板，意味著，當人們學會慢下腳步、慢下步調去生活，才能看見生命中眞正美麗的風景與價値。

緩慢希望藉由空間、服務、入住儀式、商品、活動等體驗設計，向旅人傳遞「慢生活」的概念，讓旅人在旅行中重新認識「慢」的意義與美好，用慢動作細細品味世界，用歸零生活啓發眞正的自己。

因為期待旅人來到緩慢能夠用不同的角度看待世界，並找到屬於自己生命的座標，因此提出「緩慢四度角，靈魂四度角」的定義：人們的溫度，期許旅人對人對己都能暖心以待；生活的詩度，將生活看作一首詩，活的美麗動人卻貼近生命；土地的厚度，愛惜土地無私的奉獻與純樸；夢想的深度，大膽作夢，勇敢逐夢。

備註：緩慢金瓜石民宿 logo 圖片來源於薰衣草森林官網。

㈣民宿特色

緩慢認為回味的長度由旅行的深度決定，因此緩慢倡導「慢遊」、「慢活」、「慢食」的生活方式，也提供不少特色服務以幫助旅人深入認識在地社區與文化。

1. 提供免費書籍、電影、有機香草茶，讓房客體驗緩慢悠閒的生活。
2. 與風潮音樂合作，透過音樂管家系統，讓房客選擇鍾愛的音樂。
3. 建立在地旅行分享平臺，提供房客查詢最適合的遊玩動線。
4. 珍惜在地食材，重視傳統產業，於現代菜餚中融合傳統礦坑料理。
5. 提供管家說菜服務，讓房客更了解食材與佳餚背後的典故與文化。

6. 支持在地藝術家，免費提供展覽空間，也讓房客體驗在地藝文的美。

三、經營方式

緩慢金瓜石目前由緩慢民宿經營，員工總數約莫有9人，在緩慢金瓜石內員工都稱作爲管家，房型共有6種，另外民宿內設有樸木系餐廳，整體設計以白色爲基底融入木頭褐色系，帶出自然恬靜的氛圍，最後不能不提的是，緩慢金瓜石將入住流程融入體驗當中，旅人抵達緩慢後，先在一樓大廳享用下午茶，讓旅人可以卸下匆忙趕至旅社的疲憊，再由管家引導認識客房，準備享受緩慢最美好的慢[2]。

(一)房型介紹

標準雙人房

室內總面積約爲6坪，並無陽臺設計，但是依然設有窗臺可欣賞外面景致。

圖片來源：緩慢金瓜石官方網站

圖片來源：緩慢金瓜石官方網站

景觀雙人房

室內總面積約爲7坪，設有戶外獨立陽臺，可一覽山林美景，床鋪以一雙人床或兩單人床爲主，另提供貴妃椅或發呆床，供旅客使用。

景觀三人房

室內總面積約爲8坪，設有戶外獨立陽臺，床鋪提供一雙人床

---

2 文中入住流程目前因應防疫期間安心入住方案，進行滾動式調整。

與一單人床，另設有一處，特別以架高的木質地板打造，可在該區用餐、閱讀、沉思，角落更隱藏一小小的空間，彷彿就是專屬於自己的小世界。

圖片來源：緩慢金瓜石官方網站

圖片來源：緩慢金瓜石官方網站

景觀四人房

室內總面積約爲9坪，設有戶外獨立陽臺，床鋪提供兩大床，其中一床設置於架高的木質地板上，此時旁邊隱藏的小角落，就像床前閱讀時的小空間，令人愜意舒服。

豪華雙人房

室內總面積約爲7坪，設有戶外獨立陽臺，床鋪以一大床爲主，一樣設有發呆床，床鋪設置方向正好面對陽臺，發呆床旁也是大片窗戶，一早醒來皆可見到美麗山景。

圖片來源：緩慢金瓜石官方網站

圖片來源：緩慢金瓜石官方網站

樓中樓（四人房）

室內總面積約爲15坪，設有兩大床，皆隱身於隱密性高的空間內，通往2樓的階梯採用白色系與深咖啡色木頭打造，呈螺旋狀，一樓空間設有書櫃，空間有極強居家感。

㈡客房特色

圖片來源：緩慢金瓜石官方網站

作伴的小熊[3]

緩慢金瓜石的客房內大床總是裝飾著兩隻小熊玩偶，緩慢以此作爲迎賓之效用，因爲期望旅客進到客房內，就像是回到屬於自己的家一樣，能享受溫馨恬靜的溫暖。

圖片來源：官方提供

無門牌號的房間

緩慢的客房並無房號，管家於入住流程中，邀請旅人一邊認識周邊蕨類植物，一邊爲自己的房間命名。房名即爲書名，挑選的書本將於住宿期間提供房客閱覽，爲緩慢金瓜石的旅客帶來猜不透的驚喜，並藉此呼應緩慢的理念—「生活的詩度」。

房內電視無頻道

緩慢金瓜石希望旅客來到這裡拋開塵世煩憂，緩下腳步享受生活，因此客房內的電視沒有任何頻道（可播放DVD），只作爲音響功能，播放各種大自然音樂，療育旅客的身心。

散步包與畫架配置

緩慢金瓜石內的客房都會提供一個散步包，內含小點心、一支雨傘以及周邊景點地圖手冊，精心且貼心的設計，讓人感動旅宿業者爲旅客著想的細膩心思，另外緩慢希望透過畫架設計，讓房客能用簡單的心，盡情揮灑在緩慢的所有體悟。

㈢訂房須知

緩慢金瓜石的check-in時間爲下午3點到晚上8點，check-out時

3 客房內小熊擺放因應防疫與衛生考量取消，目前僅於一樓大廳及書房擺設大熊。

間則爲隔天早上11點之前，房價內皆包含早餐（九宮格朝食中式早餐），而且不接受超額人數入住，並以7歲作爲分隔點，7歲以上視同大人一律收費，若是7歲以下孩童可以以加床方式就寢，但只開放寒暑假、旺日、假日或特殊假日入住。

㈣餐廳—供餐介紹

緩慢金瓜石的餐廳供應早餐、午餐、下午茶與晚餐，其食材講究結合當地傳統，因此每一道菜色都別有用心，可在其中找到不少金瓜石傳統與現代結合的創意料理。

早餐—懷舊之晨—九宮格朝食

九宮格朝食可說是緩慢金瓜石的「鎮店之寶」，供應時間爲早上8點至早上9點半，因爲房價內含早餐，所以房客免費。

圖片來源：緩慢金瓜石官方網站

另外顧名思義，九宮格朝食之所以有九格之名，正是因爲餐點是以9個小碗盛裝，排列成九宮格形狀，餐食內容主要以黃金蒸蛋、古早滷肉……等小菜搭配養生粥爲主，目的即爲重現金瓜石過去採礦時的懷舊飲食，當然爲支持當地小農食材，餐點會隨時節做微調，讓房客有不同驚喜。

圖片來源：緩慢金瓜石官方網站

午餐—慢活午餐

緩慢金瓜石強調慢活、慢遊以及慢食，午餐也謹守此理念，不過供餐時段雖爲中午11點半至中午12點半，但每日採限量供餐，因此其對房客也採收費制—每人350元／客，若爲非住客點用收費較爲昂貴，每人400元／客。

下午茶—舒緩靈魂—下午茶點

圖片來源：緩慢金瓜石官方網站

供應時段爲下午3點至下午4點半，針對房客免收費，通常在房客進到緩慢內，管家進行遷入手續時，就會讓房客先享用餐點，主要採自助餐模式，可依自身食量取餐享用，非住客則每人收費250元／客。

圖片來源：官方提供

晚餐—山月慢食—點石成金

供應時間晚上6點開始，此項餐點同樣不包含在房價內，但房客仍享有優惠價格，每人800元/客，但須於訂房成功3日內預訂完成，若非房客也可點用，但價格爲每人1000元/客。

用餐時間約爲1個半小時，需準時入場，避免錯過精彩的管家說菜服務，待到餐點上桌，一道道融合金瓜石山城懷舊傳統的美食，再透過管家細心講解其背後的故事，令人暖心又暖胃，若是茹素者則可於預訂時事先告知，屆時業者將會只提供蛋奶素。

四、環境介紹

(一)建築外觀

緩慢金瓜石外觀建築，依舊秉持著薰衣草森林的「山系」風格，建造於山腰之中，靜靜隱藏在山林間，營造出自然又靜謐的氣氛，來到緩慢，彷彿連時間也跟著緩慢下來，一切是那麼令旅人感到舒適自在與愜意。

建築主要以白色系爲主，摻雜著褐色系的木質調，呈現日式風格，簡單卻雅致大方，越發凸顯出緩慢金瓜石質樸、自然、溫暖的氛圍，大片大片地落地窗，以大自然作背景，讓旅人來到緩慢就能有被洗滌心靈的感受，另外有許多戶外陽臺設計，讓房客能一覽金瓜石的山間美景。

圖片來源：緩慢金瓜石官網

㈡民宿環境

民宿總共四層樓，旅人從外地風塵僕僕抵達緩慢金瓜石，首先入目的是呈現日式風格的木質地板長廊，若金瓜石開始下起綿綿細雨，站在長廊上，如詩如畫，別有一番意境。

一樓空間主要爲迎賓大廳、樸木系餐廳、療癒系壁爐、緩慢小舖等區域，二樓空間則分布緩慢書房、緩慢藝廊與少部分客房，三、四樓則多爲客房布局，以下將挑選部分區域進行詳述。

療癒系壁爐區

圖片來源：緩慢金瓜石官網

在緩慢金瓜石眞的有一個當地風格極濃的壁爐，在寒冷的冬天會升起爐火，溫暖旅人的心，壁爐的煙囪則從一樓直直貫穿至屋頂，模擬著長長的礦坑，顯示出金瓜石地區人們堅毅勇敢的精神，也期望融合在地元素讓旅人更認識金瓜石地區。

樸木系餐廳

從早餐、午餐、下午茶再到晚餐都在此區域享用，餐廳旁就是乾淨整潔的落地窗，一邊享用餐點的同時，抬頭望去或側頭抬眼，都可欣賞到金瓜石的山間美景，另外在餐廳內也設有吧檯，通常下午茶的

圖片來源：緩慢金瓜石官網

自助餐供應多半會至吧臺區選用。

緩慢小舖

在這裡除了販售同爲薰衣草森林的家族品牌「森林島嶼」香氛系列商品之外，亦提供在地創作者，如山城美館、繪本插畫家-崔崔夫妻等作品，以零抽成、無租金的無償代售服務，提供旅人一處認識在地創作者的平臺。

圖片來源：緩慢金瓜石官網

緩慢書房

圖片來源：緩慢金瓜石官網

緩慢金瓜石強調「慢」生活，期望旅人能夠在入住緩慢的期間，能夠放緩步調，放鬆心情，體會生活中不經意的美好，因此設置緩慢書房，邀請獨立書店共同選書，並提供音樂與電影DVD，讓房客能夠利用閒暇時，輕鬆無壓力的閱讀、盡情享受音樂與電影，徹底放鬆身心靈。

緩慢藝廊

緩慢非常支持在地藝術家，因此特地與在地藝術家合作，將其作品融入緩慢金瓜石民宿內，在公共空間內，常常可以遇見不一樣的美麗作品，讓房客可以在休閒時間內欣賞屬於金瓜石的在地特殊畫作。

圖片來源：緩慢金瓜石官網

五、交通方式

緩慢金瓜石位在新北市瑞芳區石山里山尖路93-1號，抵達方式主要有開車與搭乘大眾交通工具兩種方式。

㈠自行駕駛

可經由國道1號，即中山高，轉接往宜蘭方向，或經九份，過黃金博物館、瓜山國小、林老師咖啡館等地後，看到指標即可抵達緩慢金瓜石的免費停車場，再爬上48階的階梯，即可抵達緩慢金瓜石民宿。

㈡搭乘公車

可分爲從臺北出發或從基隆出發，從臺北出發，可先搭乘捷運到忠孝復興站2號出口，後轉搭1062「臺北－金瓜石」路線[4]的基隆客運，從「瓜山國小站」下車，步行即可抵達；從基隆出發，則是先下基隆火車站後先搭乘基隆客運「基隆－金瓜石」路線[5]，到瑞芳火車站再轉乘1062「臺北－金瓜石」路線，其餘路線皆與從臺北出發之路線相同。

㈢火車

火車可分爲搭乘臺鐵及高鐵，若選擇搭乘臺鐵又可依下站處細分，若從臺北火車站下車，需轉乘臺北捷運，並參照搭乘上述從臺北出發的公車路線；從基隆火車站下車，出站後參照上述從基隆出發之公車路線；從瑞芳車站下車，即參照從臺北出發的公車路線或選擇搭乘計程車（車資約爲300元）即可抵達。若是搭乘高鐵，可於臺北車站下車，轉乘臺北捷運忠孝復興站1號出口，搭乘基隆客

4 基隆客運「臺北－金瓜石」平日20～30分鐘一班車、假日10～20分鐘一班車。

5 基隆客運「基隆－金瓜石線」至瑞芳火車站，瑞芳至金瓜石（1062）約15～20分鐘一班車。

運「臺北－金瓜石」線，後可參照從臺北出發的公車路線。

六、鄰近景點

古韻水圳橋

圖片來源：緩慢金瓜石官網

黃金山城—金瓜石擁有著名的三重橋，其中最高的一座也就是水圳橋，顧名思義，這裡有三座橋樑以上中下的形式分為三層，水圳橋興建於日治時期（1933年），當時水圳橋的作用是工業用途，為了引水供選煉廠使用；位在中間的是山尖路步道的行人橋；最下方的溪谷有一座隱密的小拱橋，那就是最早興建的古橋樑，三座橋樑分層而立，而且都有各自濃厚歷史韻味，對比橋下的溪水潺潺，別有一番懷舊氣息，可以說是非常在地且具歷史意義的景點，也是當地居民極為推薦「礦山美境」。

另外在水金九地區，每年的媽祖遶境活動相當盛大，水圳橋則經年來都是必經道路，遶境隊伍仔細小心地走在狹窄的古道之上，金瓜石特有的宗教傳統與古橋相融合，傳承了多年來山城百姓們的虔誠信仰，值得一提的是，因為此地地形因素，這裡的媽祖神轎比一般神轎小的多，但居民們迎媽祖的盛大習俗依然保存至今，為金瓜石地區留下另一深刻具文化保存的歷史意義。

黃金博物館—本山五坑

本山五坑，是本山礦業興盛時著名的九座坑道之一，在民國61年金瓜石停止金礦開採後，民國67年五坑也被撤收，但五坑一直是本山裡的九座礦中保存最完整的，不論是採金的礦車頭、運礦索道、壓風機……等等都存留的相當完整，足以檢證當時金瓜石回黃的礦業時代。

後來黃金博物館將本山五坑規劃成園區的一部分，並在舊有坑道上方又挖掘110公尺長的新坑道，連接著舊坑道，因此目前坑道總長約180公尺，內部主要用牛條仔來鞏固坑壁結構，坑壁上也特地運用暖色系燈光，營造出金礦滿壁的情境，另外不同階段的坑道呈現挖礦時期礦工們辛勤工作的姿態，有「爆破」、「鑽鑿」與「運礦」……等，讓來到此處的旅人能夠在短短的時間內，走入淘金年代礦工們的一生，看見金瓜石居民們爲了生存，冒著風險在黑暗隧道中盡心盡力的模樣，見證前人的偉大與歷史的永駐。

黃金博物館—四連棟

四連棟，意爲日式宿舍群，因爲金瓜石的礦業，日本特地於1930年爲日籍職員與眷屬建造宿舍，雖有高地的地形之差，但房舍仍相當齊整的排列於坡上，透過石梯道形成聯絡小徑，現今依然保存著當時職員們生活起居等懷舊空間，濃濃的日式風貌在四連棟中一覽無遺。

圖片來源：緩慢金瓜石官網

根據緩慢金瓜石官網介紹，四連棟內細分爲獨棟獨戶、雙拼、連棟、長屋等建築類型，依據職員位階高低使房舍面積與樣式有所不同，當時使用臺灣檜木建造，走入四連棟內，舊式擺設的精心陳列，看似脆弱實則堅固的木頭地板，總會讓人不經意間放緩腳步，細細去品味往日美好的時光，感受寧靜舒適的檜木香與濃厚的日式氣息。

圖片來源：緩慢金瓜石官網

勸濟堂

勸濟堂已有百年歷史，供奉著金瓜石地區的守護神—「關聖帝君」，堂內擁有鎮堂三寶，第一大寶即亞洲最高最重的純銅關聖帝君像，至今也背山望海屹立守護著金瓜石的居民們，每年舉辦關公節文化祭，靈氣飄逸，適合旅人到訪感受淨化心靈後平靜的心情。

黃金瀑布

因為金瓜石地區是臺灣的一大礦區，礦脈深厚，加上金瓜石多雨的氣候，導致河水滲入礦區，黃鐵礦和硫砷銅礦相互作用進行化學反應，產生「氧化還原」與「鐵菌催化」後，使此的瀑布的流水呈現金黃帶點橘的顏色，再加上風化因素，使岩層色澤也多半成現金黃色，從遠方遙望，有如一條條美麗金帶流洩而下，因此得名黃金瀑布，也吸引不少旅人前往朝聖，見識屬於金瓜石地特有的區金礦奇景。

圖片來源：緩慢金瓜石官網

十三層遺址

煉金業分為「採礦、選礦、冶金、煉金」四步驟，十三層遺址就是金瓜石最大的選礦場，廠房依山而建，從外表看地面建築共有十三層，因此被稱為「十三層遺址」，是處理礦砂以及生產粗銅的選礦煉製場，後伴隨著金礦繁華的沒落，廠房依舊矗立卻逐漸斑駁老舊，但其建築之美也讓它有臺版「天空之城」與「礦山上的布達拉宮」等美稱。

因土地殘留物問題，十三層遺址被列為汙染管制區塵封30多年，後終於重新再利用，讓其歷史輝煌重現於世人眼中，臺電透過與國際燈光照明大師－周鍊、藝術家－何采柔、優人神鼓合作，融合在地環境，以不同亮度的燈光點亮十三層，打造「遠觀型」的公共藝術作品模式，讓遺址金燦的美麗風貌再次現身。

昇平戲院

初建時為木造建築物，後於民國50年再次改建，以空心磚造牆面，呈現出現代化規格，民國60年代，如同十三層遺址，隨著礦業沒落，人口外移流失，戲院業走入倒閉的結局，直到民國99年薪北市政府認定其爲紀念性建築物，重新修建爲民國50年代的空間場景，揭示戲院曾經的劇場風情與當時代的懷舊氛圍。

圖片來源：緩慢金瓜石官網

陰陽海

圖片來源：緩慢金瓜石官網

因爲金瓜石岩層裡富含的金礦內含黃鐵礦等礦物質，在雨水以及空氣作用下，逐漸入海沉積，使得海水顏色不是湛藍色，而是黃褐色與海藍色交錯，也因此得名「陰陽海」，特殊的漸層海色，再次呈現出金瓜石豐富礦區創造出的傳奇景點，黃褐色的海，彷彿也在訴說著金瓜石曾經的繁榮時代。

七、人力資源管理技巧

(一)員工訓練

因爲緩慢金瓜石隸屬於薰衣草森林旗下，其員工教育訓練與福利制度多半參照薰衣草森林公司規定，故本節將以薰衣草森林規定爲例進行講述。

薰衣草森林企業的經營理念爲「從今天起，做一個幸福的人」，其實他們不只希望能夠將理念傳遞給所有消費者，也期盼能夠培養與給予員工這樣的能力：「做一個幸福的人，也做一個爲他人帶來幸福的人」。

在人才培育上，至2007年開始，薰衣草森林設計出標準化的品牌手冊，協助進行內部員工教育訓練，另提供外部自主學習課程，讓員工能夠更了解公司運營及危機處理SOP，也能積極充實自我能力，並且企業設立了「森林大學」，藉此培訓中基層員工，課程內含職前教育訓練、工作站專業訓練、服務理念與感動服務訓練……等等，讓員工學習各方技能知識。

此外在2018年提出「旅行者計畫」，讓工作變成旅行，鼓勵員工發現自我價值，訓練內容爲在30個月內規畫3次跳點機會，輪調各品牌，橫跨多元業種，讓員工不斷自我成長。

㈡薪資

緩慢金瓜石—管家

服務內容包括進行館外接待、館內引導、活動主持、整房、說菜服務、環境清潔維護……等，工作時間分爲日班、中班、晚班，採輪班制，薪資採月薪制，約爲28000-32000元。

備註：本書薪資及福利休假說明採納自111人力銀行薰衣草森林公司。

緩慢金瓜石—廚師

主要工作內容有製備餐食與控制品質、掌控出菜順序、維護廚房整潔、成本管控……等等，工作時間主要是日班與晚班，輪班制度，薪資月新制，約28000-40000元。

㈢福利

對外招聘之正職員工依照勞基法規定，勞保、健保、特休、勞退提撥金等都有提供，另公司內相關福利規定又以類別進行區分，獎金類含全勤獎金、員工生日禮金、績效獎金；保險類含員工團保；娛樂類會舉辦員工聚餐；補助類含結婚補助、生育補助、喪葬補助、購物優惠……等；其他類含升遷制度與在職教育訓練，另提供員工午餐、晚餐，以及員工宿舍，且只酌收管理費，每月1000元。

針對與學校建教合作之實習生，其實習津貼符合勞基法基本工資規定，同正職採月薪制，每月約24000元（含以上），採彈性工時，每日排班以8-10小時爲原則，與正職相同享有勞健保、員餐、員工宿舍、餐飲折價，也提供年終聚餐、年終尾牙、春節開工紅包、相揪夥伴介紹獎金，給薪志工假。

㈣休假

關於假期部分，薰衣草森林利用「延伸旅行」讓員工有不一樣的休假體驗，簡單分述如下：

1. 主管考察：主要以幹部爲主，藉由考察旅遊進行理念想法間的腦力激盪，討論不同的管理營運觀點。
2. 修學旅遊：透過前往各優良企業實地參訪，以親身體驗的方式進行學習，並藉此反思如何完善自身的服務。
3. 志工假期：志工假期相當特別，透過「請一送一」的請假方式，讓員工最多可擁有6天假期，用提供志工服務結合社區鄉里的方式學習進行主動的服務。

圖片來源：薰衣草森林官方Facebook

㈤勞資情況說明

對薰衣草森林來說，每一位顧客都是久別重逢的朋友，而每一位員工都是共同打拚的夥伴。

創辦人庭妃曾經提到「對員工的管理並非來自嚴格要求，而是重視員工們的滿意度與快樂」，因此薰衣草森林相當重視員工，此亦回歸到薰衣草森林所創之理念－創造並傳播幸福，讓顧客幸福，也讓每一位員工感到幸福，因此如何有效與員工進行溝通、如何讓員工感到幸福，薰衣草森林有了這樣的好點子：

1. 夥伴關係室：隨著企業規模擴大，據點散布各地而成立，關懷、照顧與尊重是夥伴關係室3大服務核心，藉此提升夥伴的幸福感。
2. 解憂雜貨店：因應年輕世代的社群習慣設計的溝通管道，讓夥伴可以直接透過LINE@向公司詢問事情或提出建議。
3. 幸福集點平台：鼓勵夥伴從一些公司重視的價值或日常小事累積點數，如參加志工假期、每天量血壓、年度健檢零紅字、安全用路人，換取呼應夥伴需求的獎勵，如健檢升級、免費住宿、到府打掃、公益捐贈等。以集點換獎勵的方式，鼓勵夥伴於日常中優化自己的服務、貢獻自己的創新想法，從中成長，亦於集點過程中釋放壓力，感受滿滿的幸福感。

圖片來源：薰衣草森林官方Facebook

備註：因為緩慢金瓜石隸屬於薰衣草森林旗下，故勞資情況將以薰衣草森林模式進行講述。

八、思考問題

(一)薰衣草森林重視員工，因此提出了哪些政策，你覺得員工眞的受用嗎？

(二)緩慢金瓜石以「慢」爲美，所以提出哪些理念，你又認同哪部分呢？

㈢緩慢金瓜石的休假體驗：如主管考察，修學旅遊和志工假期，對領導統御能力有何助益？

貳、樹也ChooArt Villa民宿

一、人物介紹—樹也ChooArt Villa成立背後推手

坐落在三義山林間的「樹也ChooArt Villa」，是由臺中久樘開發投資興建經營的民宿，外觀簡潔，選材素樸的幾個方盒子，低調地依著林木茂密的山坡地而建，與整個外部環境自然地融合在一起。

㈠一隻藍鵲的啓發

「二十幾年前，那時我剛到紐西蘭生活時，還是個對建築以及休閒完全不了解的新手，紐西蘭幾乎所有建築都必須與環境共生的觀念，給我很多的指引和影響，而其中影響我最深的一句話是：『建築永遠是配角，環境才是主角。』，『樹也』就是因應這樣的觀點而設計的。」樹也營運長陳美邑回憶起自己學習的過程，坦言紐西蘭愛護環境的生活觀，是對自己影響最大的引導力量。紐西蘭人共同的理念就是用自己的影響力來改善土地、改變社會。受到這樣對土地友善的觀念影響，開幕至今已十年多的「樹也」，初期花了非常多的時間改善基地地質。「這塊山坡地原本種滿了檳榔樹，相當不利水土保持，我們選定了這塊地之後，首先得將樹根淺的檳榔樹移除，改種樹根深，可以穩固地盤的樹種，並且讓生態儘量回歸自然狀態，經過多年地盤穩固之後，才開始蓋房子，光是興建就花了四年。」

專長並非是休閒旅遊產業的陳美邑，從決定做「樹也」就不斷地思考它的定位，除了將建築的存在感降到最低，讓來到這裡的人

能夠眞實感受周遭自然環境的動人之處，強化在地人文特色、與在地產業結合，也是他很想要實現的另外一個重點：「臺灣的美不在大山大水，而在於各個鄉村小鎭的風味與歷史，以及精緻的文化特性。我們既然選擇了這麼一塊靜謐的土地，就不是以獲利爲目的，我想做的是能感動人的事情，那麼首先，我得要先感動自己。」而當天空開始有大冠鷲飛過、藍鵲在樹梢停留，蝴蝶在樹葉間舞動，螢火蟲在夜晚的林間閃耀著光，陳美邑心裡清楚，這條復育之路走對了。

在這樣的理念下，「樹也」不走高級精品旅館路線，這裡沒有24小時全時開啓的空調及照明，而是儘量開窗迎接自然的空氣與光線，除了減少汙染、碳排放，也讓入住的客人感受到四季不同的鳥語花香。對土地友善之外，「樹也」也是一個共好的環境，這裡提供的糕點都是三義在地店家的好手藝，家具自然也是來自三義的木雕作品，而「樹也」的營運獲利每個員工都能分享，因爲陳美邑希望「樹也」的每位員工都能以經營者自我定位期許，這樣才能眞心而快樂地服務每位住客，並且將快樂傳遞給每位來訪的人。「樹也」秉持著尊重自然環境、在地人文的價值觀，盡可能開窗引進自然光線與空氣，減少汙染及碳排放，並讓入住的客人能感受到四季的變化。

㈡土地開發

樹也ChooArt Villa第一期營造團隊光是觀察這裡的山勢地形，就用了快一年的時間來親近這座山，了解當地的自然與人文，第一期先選擇了靠近地界的樟木林進行建築設計，建造時時並刻意不砍伐不整地，周邊的一草一木也盡可能地保存下來，使用低衝擊式開發（LID）降低對土壤的侵蝕與干擾，維持基地的生態系統以及保水功能森林復育後，才開始設計規劃建築物。樹也ChooArt Villa第一期整整花了四年的時間才建造完成，加上從水土保持和規劃設計，一共花了整整七年。

樹也ChooArt Villa第二期，過去十年，已經完成了最重要的階段，種植低海拔原生樹種，例如：楓香、青桐、五葉松等，循序漸進地取代會破壞水土保持的經濟作物「檳榔」，並以全面綠覆，增加土壤保水性，減少土壤流失、沖刷對土地的破壞。環境保育及土地的復育是樹也ChooArt Villa最終的目的，也將會永無停止的投入，沒有時間表。

從建設跨行到休閒旅遊產業，如何定位「住宅」與「民宿」的特性呢？陳美邑說，民宿最重要的是找出自己的特色，有特色，才能吸引欣賞這個特色的人主動前來，而住宅的服務對象很廣，而且每戶人家都有不同的生活習慣，因此只能找到符合大多數人需求的公約數。「對我來說，住宅是市場商品、產品，而民宿更像是具有我們的風格的作品。」

㈢建築設計一規劃時的創新設計

爲了保護區域內的原生樹林，不採取大面積開挖的方式，地基採用獨立基樁，避開樟樹樹根的位置，甚至還預留足夠生長空間，讓樹木可以持續生長。主建物的牆面每一面均是獨立的承重牆，目的在使牆面開洞讓位於此處的樟樹開散的樹枝能夠穿透牆面生長，而不因建築體存在破壞樹木的生長空間。屋頂露臺塡土、綠化，種植保水性良好的鳶尾與植栽，創造能讓物種棲息的生態跳島，誘引生物回到原本生長地。

主要設計概念是充分與地貌樹林結合的設計理念，建築以隱匿之姿，藏於山坡林間,釋放空間型態、型塑場域氛圍；建物如「根」深植於土壤間，讓空間形體繞樹而生，讓樹自然地與建物共生,讓旅人遊逐於坡地林間，「空」，由於虛實錯落、低調退讓，大自然千變萬化的「空」便持續不斷地爲這個空間提供能量，並開啓對生命的感動。而這個「空」也貫穿著整個配置，不僅是在水平向度推展，更在時間軸上緊密的與穿插錯落的動線相結合，順勢穿越建築之間的縫，在收與放之間，使樹也ChooArt Villa的空間處處呈現出明亮、通透，卻又保有安靜獨立的特殊氛圍，而此氛圍正是旅宿空間最適切的表述：居住者在建物中游移時，戶外景色隨步變換，或樹，或影，或石，或水，充分體現出現場地貌之美。

「無相」，整體建築與環境整合有如山坡石疊，層層相疊，而彼此相疊的「山坡」又交織著「石縫」，彷彿是在時間流逝，涓滴細流所切割出的痕跡，於蒼綠山谷間綻放，建築物的屋頂披覆著綠色草坡，原生樟木自然地穿梭其間。將所有的空間不著痕跡地嵌進山坡裡，彷彿建物與景同生般。讓人雖身處室內，因爲無時的光，無時的景，使人頓入「無邊」自然。

㈣樹也建築師蘇林立

建築師蘇林立於接受樹也別墅設計委託後，經過基地現場多次勘查，決定以建立環境，土地，建築三者的連結爲主軸，以與地貌結合的設計爲理念，不砍伐一樹一木，將建築與坡地環境充分融合，讓三公頃土地上只建四座別墅的樹也旅宿空間，處處呈現明亮，綠覆，安靜又獨立的特殊氛圍，讓居住者在建築當中遊移時，戶外景色隨步變換，或樹，或影，或石，或水，充分體現出現場環境地貌之美。

而這樣的在地設計，更讓樹也別墅榮獲有建築界奧斯卡獎之稱的FIABCI全球卓越建設獎。

二、關於樹也ChooArt Villa

樹也Villa
CHOO ART

㈠緣起故事

樹也ChooArt Villa開發前的土地現況是塊檳榔種植面積達百分之七十的山坡地，長期因人爲的連續耕種，使用大型推土機或怪手，此區遭到嚴重的濫墾濫伐，破壞水土保持，加上數十年來採用殺草劑除草，破壞坡地土壤結構，對此區坡地安定與環境衝擊對生態環境造成極大的傷害，土地退化至趨近不可復原的狀態。剩餘的百分之三十，爲臺灣原生的樟木林和溪谷。在未開發前，不僅水土保持嚴重破壞，原來在此生存的原生物種，幾乎不在存在。

種植檳榔導致生物多樣性的消失，樹也ChooArt Villa基地開發前大面積種植檳榔後，其棲息的物種多樣性已經發生了重大的變化，又從其覆蓋度、土壤性質、水文及氣候變化也直接影響原有物種的生存，因此山坡地檳榔園的擴張，森林棲地消失與片斷化是森林生態系干擾的重要因素。

但樹也ChooArt Villa所處的位置，苗栗縣三義鄉，卻有著可以發展休閒旅遊的絕佳條件，三義也是臺灣主要的客家聚落之一，並以客家文化爲主題發展觀光產業，境內木雕產業發達。除了木雕與客家文化外，每一年五月，苗栗縣也舉辦了享譽國際的油桐花季，加上穿越三義鄉的臺鐵舊山線在鄉境內遺留有以勝興車站爲中心的多項鐵路遺跡，因此樹也ChooArt Villa評估可發展出以客家文化，木雕文化，鐵路和自然環境共生爲主題的休閒觀光產業。

因爲所處的地理位置，淺藏著絕佳的經營休閒旅遊的條件，爲了能夠結合休閒旅遊產業，樹也ChooArt Villa決定先復育所處的這片山坡地。所以在買下土地後，先是大量種植原生樹造林，後建造民宿時，結合在紐西蘭體認到的尊重大自然、不破壞土地的理念以及因新社開發工人意外案學到的順應自然做法，讓樹也的開發團隊以及建築設計師蘇林立開始長期工程一樹也ChooArt Villa的建造，並以「尊重自然」的方式，不砍樹、不整地去建立樹也。

用時4年多的時間，不斷修改設計圖，耗資約近億元的資金，種樹做好水土保持，不斷地朝「與環境共生」的方向去努力，最終將這座山林中的建築建造出來，可以說樹也ChooArt Villa本身就是一棵樹，一棵最原始的樹，旅人可以從這棵樹身上學會與自然相處，與萬物爲友。

㈡成立沿革

樹也ChooArt Villa成立於2010年，因其獨特地與大自然結合的建築特色，獲得了2010年國家卓越建設獎金質獎，開業後4年，也獲得網路票選全臺十大頂級民宿第一名的殊榮，在2017年更勇奪全球卓越建設獎FIABCI獎，建築界的奧斯卡獎，可說是得到了建築中環境類最高的全球首獎認定。

㈢背後理念

樹也的英文爲ChooArt，就是閩南語的「樹仔」之意，因爲重視自然與在地環境，因此以ChooArt命名，期望可以一直保留著那個美麗的臺灣，英文ChooArt中有個Art，則是寄寓樹也成爲一張白紙，讓大自然可以在上面盡情作畫，揮灑最眞實、無人工的色彩。

臺灣俗諺有句話說：「先得先，後得後。」，在這片土地之上，因爲樹先到，而人後到，所以我們必須要尊重它，因此在建造樹也的建程中，堅持不砍一草一木，也堅持不整一土一地，順應坡地的形狀，保留土地最原始的地形樣貌。

以謙卑退讓的姿態默默藏身於樟樹林內，讓人爲的建築與自然的樹林相融合，藉此與自然共存活，也讓來訪的每一位旅人體認尊重自然的美，投入大自然的懷抱之中，放鬆疲倦的心靈，重新與自然接軌，與土地一同成長。

土地復育

樹也ChooArt Villa開發前的土地現況是塊檳榔種植面積達百分之七十的土地，長期因人爲的連續耕種，檳榔屬於淺根性植物，表土受到嚴重侵蝕，土地退化至趨近不可復原的狀態，加上臺灣位處亞熱帶，夏季常常受到颱風侵襲，颱風常常帶來非常大的災害，樹也ChooArt Villa團隊決定用20年的時間，種植低海拔原生樹種，例：楓香、青桐、五葉松等，循序漸進地取代會破壞水土保持的經濟作物「檳榔」，並以全面綠覆、架高式柱樁基座的結構，增加土壤保水性，減少土壤流失、沖刷對土地的破壞。

環境共生

樹也ChooArt Villa基地位於保育區內，建築師將建物分散設置，四間小屋錯落於山坡之間，公共區域與泳池散布在山坡與樹林之間，依原生環境地形分佈建築物，使建築與環境共生共存。屋外高架的木平臺與木棧道路徑，可與大自然近距離接觸，另一方面也不會打擾到原生動物的活動作息。

永續保育

樹也ChooArt Villa建物在施工階段避開保育原生樟樹林相，將建物對環境的影響減到最低。使用生態工法對山坡地進行保育，並且大量使用地被植生保護裸地，以雜木樹枝打樁檔土保護邊坡地並增加生物活動孔隙。爲了建物室內的節能減碳，將屋頂露臺塡土，綠化植保水性良好的鳶尾，在炎熱夏天可讓室內平均溫度降低2至3°C，減少對空調的依賴。

圖片來源：官方提供

生態復育

樹也ChooArt Villa低度開發與環境共生的理念與開發方式，除了森林復育成效外，回復原生環境也形成生態跳島。生態復育的成果保括87種鳥類，如五色鳥、翠鳥、小白鷺、白頭翁、小彎嘴畫眉、紅嘴黑鵯、白腹秧雞、灰頭鷦鶯、金背鳩等。蝶類也多達85種。不僅如此，樹也ChooArt Villa成立後，也積極地和當地政府合作，苗栗縣政府同時把樹也ChooArt Villa旁的水載下瀑布列爲保護河川，並計畫興建一條長達4公里步道，供遊客體驗生態復育計畫及河域整治。

(四)民宿特色

樹也ChooArt Villa期望與自然共生，以自然爲師，效仿自然的純眞簡單，因此整棟建築以永續爲目標，在成立樹也後，也積極復育當地環境，讓常見鳥類重新回升至88種、蝴蝶回升至85種、臺灣藍鵲則多達400多隻……，讓樹也除了是生態建築之外，也像是一棵活的，在生長的樹。

1. 室內格局皆圍繞樹木而建，客房內就可觸摸自然之樹。
2. 以透明玻璃窗圍住屋內的原生樹種，採光也因此相當良好。
3. 四間客房間刻意以空隙間隔，讓樹也的每一處都能貼近自然。
4. 民宿內廣佈藝術品，薰陶每一位旅人。
5. 樹也建在坡地上，有不少高低落差的平臺，形成多廊道樓梯外觀。
6. 旅人若自備用品即退還備品等值費用，以「零碳足跡[6]」爲目標。

三、民宿經營概況

樹也ChooArt Villa目前屬於久樘開發股份有限公司旗下民宿品牌，員工總數目前約爲10人，每個月委由關係企業久億營造做景觀、溫泉、泳池等大型設備的維護保養。

樹也ChooArt Villa房型總共只有4種，秉持著「做對的事不用擔心花的時間多」的原則，至今仍爲復育周遭環境持續努力中。經營模式，採客製化量身訂製每一個旅人所要的需求，管家，事先會和所有的旅人溝通，從交通、餐食、娛樂到特殊需求，管家團隊皆能夠完成每一位旅人的需求。

在地和有機，是樹也ChooArt Villa的經營哲學，樹也團隊認爲現在最好的旅遊型態是體驗式的旅遊，每一個旅人到了一個新的地

6 碳足跡，意指依產品或活動從原料取得、製造……一路到銷售、使用、回收的過程中，直接與間接產生的溫室氣體排量總量。

方，無疑是想體驗這個地方的在地特色。秉持這個精神，樹也團隊希望每一個來的客人，都能夠體驗有機而在地的吃，在地的玩，在地的文化，在地的商家……也因此，樹也ChooArt Villa和很多在地的商家一同合作，從餐廳、木雕藝術家、藍染、高爾夫球場等等，幾乎涵蓋各行各業。很多的商家也都紛紛為樹也ChooArt Villa帶來客戶，樹也ChooArt Villa不僅和環境共生，利益更和苗栗三義這個小鎮的所有商家共享。

㈠房型介紹

初日

圖片來源：官方提供

房內坪數約是30~35坪，房價包含早餐與晚餐，可加人入住，房內就是一獨棟小別墅，起居室、臥室、衛浴空間都有。

室內空間明亮，就如同房名初日一般，每日之初，陽光伸出手輕輕撫摸熟睡中的旅客，溫柔的低語訴說自然的美。

樹泉

圖片來源：官方提供

房內坪數約是30～35坪，房價包含早餐與晚餐，但不可加人入住。

樹泉，真正的顧名思義，客房內真的能看到一棵通天樟樹，貫穿房內天花板，雖有玻璃框起保護，但是能在房內與最自然的樹共生，相當有趣。

晴川

房內坪數約是30坪，房價包含早餐與晚餐，開放加人入住。

客房內床旁就有一小居家空間，小長方形茶几與長竹簾，頗有中式風味，在這裡泡著一壺茶，品茗談天，靜靜享受寧靜又自然的環境，放下心中的所有繁雜，清心感受晴與靜。

圖片來源：官方提供

醉月

圖片來源：官方提供

房內坪數約是35～40坪，房價包含早餐與晚餐，開放加人入住。

因應山坡地形而建，所以天花板可以有別於一般民宿，開設天窗，正好對應房名醉月。

夜晚悄悄來臨，太陽躲進遙遠的另一方天邊休息時，沉靜的月就興奮的上來換班了，伴隨著一閃一閃的星，爲每一位旅人歌唱跳舞，隨心所欲放鬆身心。

㈡訂房須知

樹也ChooArt Villa的入住時間爲下午3點以後，退房時間則爲中午11點前，房價內通通包含早餐及晚餐，主打一泊二食及管家服務，需特別注意的是，若無預定是不開放前往入住的，訂房後收到管家發送的確認入住訊息，才算眞正訂房成功，另外入園大門常年關閉，也不接受外來訪客，若是住客按電鈴即會有管家前來打開大門。

部分客房開放加人加床服務，收費依人頭計價，每人含餐每晚3600元新臺幣，此外因並非寵物友善民宿，因此不開放寵物入園，若爲導盲犬則不在此限。

園內階梯眾多，起因於依山勢而建且不願改變地貌的建築設計，因此爲保護旅客安全，以7歲作爲分隔點，7歲以下孩童不開放入住，除非包園的旅客。

四、環境介紹

樹也ChooArt Villa全區佔地33,732平方公尺，分兩期開發，第一期已開發完成投入營運；第二期現在正通過水土保持和環境保護審查階段。第一期開發面積僅3300平方公尺，建造五棟建築含四個單位的villa，第二期預計再開發3000平方公尺。其他剩餘面積作爲環境保育及土地的復育，不再開發。

㈠建築外觀

樹也ChooArt Villa的建築外觀就像是層層疊疊的山石，坡中有縫，就像自然萬物生長依附著山勢地形而長，但是不同物種間又給彼此保留生存的空隙，看似各自生長不管他人，實則溫柔的給予足夠的空間，讓彼此都能持續向上，當足夠親近自然，當願意放下繁雜，靜心觀察體會，就能發現自然界的奧妙。

圖片來源：官方提供

㈡民宿環境

民宿有主棟樓與4棟獨立的客房，以走道與階梯相互連接，在主棟總共有3層樓，民宿外部還附設有游泳池、商店小舖與戶外休憩區，讓旅人來到樹也ChooArt Villa不只是住宿，也可以肆意放鬆，親近大自然。

主棟空間一樓爲迎賓大廳、泡茶區、閱讀區，二樓就是民宿內附設的餐廳，不大的空間，卻足夠給予旅人豐富的美食饗宴，大片大片的玻璃窗充斥在整座民宿內，隨處抬眼都是衝蒽蒽鬱鬱的綠色美景，以下就一起來認識這棟獨特民宿吧。

悠然廳

圖片來源：官方提供

進入民宿內部，首先來到的便是迎賓大廳，在這裡，可以享用迎賓茶一創辦人在紐西蘭親自種出的璽龍茶，管家也會在夏天提供冰毛巾；冬天則提供熱毛巾，沉澱每一位旅人驅車的疲勞。

茶盧

圖片來源：官方提供

這裡其實是樹也ChooArt Villa的櫃臺處，同時也是泡茶區，全區以實木打造，森林感結合中式風氣，若是下起綿綿細雨，品茗笑看窗外山景，別有一番意境。

掬香廳

掬香廳是樹也的餐廳，位在主棟二樓，大量落地窗與原木打造，放式的廚房供餐，讓旅人放心享用每道餐點。主打無菜單料理，除非包棟訂房，否全部住客併桌一起用餐，讓旅人們有彼此認識的機會。

游泳池

圖片來源：官方提供

游泳池開放時間爲每年的6月1號到10月15號，因爲周遭有許多樹林，因此不論早或晚，都不必擔心游泳時，大量曝曬在太陽下導致曬傷。長約18米的空間，定期檢驗水質，讓旅人能安心將自己投入大自然之中。

戶外活動區

因爲樹也ChooArt Villa位在森林中，所以園區內空間極大，因此特地規劃出戶外休憩區，讓旅人進行戶外活動時，有絡角休息的地方。由於位在森林中，蚊蟲量較多，民宿內也會於火爐中生火來驅蚊蟲。

樹也嚴選小舖ChooArt Homia

進入樹也ChooArt Villa園區內，還需要步行一小段路，若是徒步走步道的話，途中會路經一間小屋，小屋除了是辦公室之外，也販賣關係企業品牌的璽龍茶與特色茶具，以及樹也嚴選在地文化商品，過來到樹也ChooArt Villa也能享受茶與在地文化帶來的沉靜與生活。

樹也婚禮ChooArt Wedding（規劃中）

在園區內緊鄰魚藤坪溪的步道上，建構一個婚禮儀式平臺，提供給喜愛自然森林的新人們，全然不同的婚禮體驗。

五、行銷及經營特色

㈠全球卓越建設獎（FIABCI World Prix d’Excellence Awards）

2017環境復育類全球首獎；讓全臺灣甚至全世界都看見「樹也」在環境保育上的傑出表現。

當臺灣藍鵲飛過枝葉茂盛的老樟樹，森林裡彷彿畫出一個藍色驚嘆號！看著山腳邊清澈溪水潺潺流過，帶動無數生機翻騰跳躍，心情也跟著快活起來；這時山邊的斜陽還沒落幕，另一方明月就已悄悄浮上天際；豐富生態與多變的光影在樹也ChooArt Villa營造出一幕幕美麗動人的景緻。

㈡經營在地─唯有越在地才能越國際

苗栗，是臺灣的一個縣，有山城之別稱，位於臺灣本島西北部，劃歸爲臺灣中部區域。而三義鄉，是苗栗縣的一個鄉級行政區，位於苗栗縣南端，境內矮陵起伏，平均高度約海拔四〇〇公尺，呈現典型丘陵地形，境內木雕產業發達，因此有「臺灣木雕王國」之雅號，2016年，三義更通過「國際慢城認證」。除此之外，三義也是臺灣主要的客家聚落之一，三義以客家文化爲主題發展觀光產業。除了木雕與客家文化外，因穿越三義鄉的臺鐵舊山線在鄉境內遺留有的龍騰斷橋等多項鐵路遺跡，因此也逐漸發展出以鐵路為主題的觀光風潮，而樹也ChooArt Villa位處山坡地，位置緊鄰龍騰斷橋，也因此保有多項地方特色。

樹也因應頂級旅客需求，推動客製化行程，也逐漸帶動當地觀光。從當地小農蔬果、在地餐廳與藝廊，到著名的華陶窯、飛牛牧場與親訪藝術家工作室等，三義應該推廣體驗行銷，樹也ChooArt Villa經營的不只是樹也，而是整個三義地區的旅遊體驗。

㈢房名融合經典文學

樹也ChooArt Villa每一獨棟客房的命名都從唐詩中找靈感，帶入東方的情境，在官網上的客房說明上，更是巧妙引用經典文學：

「初日的先照床前暖；樹泉的舟於樹泉泊；晴川的歷歷漢陽樹；還是醉月的醉月頻中聖……」，體現千古流傳的詩詞之意。將文學藝術融入於生活之中。

㈣貫穿房內的百年樟樹

在樹也ChooArt Villa中強調的是「樹」與「自然」，建築只是配角，樹才是眞正的主角，所以客房內格局都強調不砍樹，而是繞著樹而設計客房空間，因此才有樟樹貫穿客房的獨特景象。

為保護樟樹，又以玻璃立面將其環繞，讓旅人只近觀可而不可觸摸，另外事先預留空間，也重視未來樟樹的生長空間。

圖片來源：官方提供

㈤地貌式建築

樹也ChooArt Villa全棟依照地形起伏以及植栽的位置而建造，因此房舍設計有別於其他民宿，不適一整棟線條齊整的建築，而是東突一塊，西凹一塊，還不時突出樓梯與廊道的建築，奇特的美感也因此應運而生。不只房屋建築如此，四間獨棟的客房內部也是如此，從臥室到浴室也可能需要經過不少彎彎繞繞，走過不少高低起伏，可以說樹也ChooArt Villa是用建築在描繪山巒。

㈥與自然環境共生

樹也ChooArt Villa客房內大面積開窗，因此室內採光極為良好，從早到晚不同的光影變化有不同的、屬於大自然的精彩。肖楠木天花格柵、木電視牆與檜木面板……等等，融合了大量木材的客房，引入濃濃的森林意象，旅人彷彿拋卻水泥建築，真的住在樹林之中一般。

㈦山泉溫泉

樹也ChooArt Villa提供是貨真價實的溫泉，這裡的溫泉泉質屬於碳酸氫泉，就是俗稱的美人湯，加上泉中含有豐富的鐵質，是每一個來訪的旅客一定會體驗的。

㈧專屬管家服務

樹也ChooArt Villa不同於別的民宿，在經營中以更多元的地區資源特色、民宿管家親切的接待與主動服務等，設立管家的服務，提供旅客有更好的住宿期待與服務。

像家一樣用心付出，是樹也對經營的期許，每當看遍繁華的旅人帶著疲憊的心寄情於此，親切的專屬管家會盡心打點好一切、像是備妥您在森林裡另一個舒適的家，先有豐盛美饌慰勞您的辛勞，再用大自然的療癒方式補足滿滿元氣，讓五感體驗充分得到滿足後，擁有美好心情入眠，期待明天能嶄新出發！

⑼建立完善的顧客資料庫

樹也ChooArt Villa藉由與顧客交流互動中建立起顧客資料庫，例如聊天內容、抱怨事項、電話詢問，及互動關係等管道，建立顧客資料，再做偏好分析，然後利用這些顧客資料，爲顧客量身打造個人化服務，以贏得顧客的高度忠誠，使得達成目標之五成以上回籠率。

⑽提供客制活動

樹也ChooArt Villa提供規劃VIP行程及多項專屬客製行程。如求婚特別活動，森林交響樂團饗宴，茶席展演，「天光下的一粒米」及「月光下的野菜園」特殊餐飲展演等……藉此連結不同的產業，增加民宿除住宿以外的可能性。

圖片來源：官方提供

⑾季節性活動─因地制宜也要因時制宜

三四月份，十一月份是旅遊的傳統淡季，樹也ChooArt Villa在建築設計規劃時就已將季節性的景觀規劃進來，以配合日後季節性行銷。

三月：鳶尾季

四月：螢火蟲季

五月：桐花季

十一月：楓紅週年慶等等

㈩專屬主廚一在地有機的無菜單料理

樹也ChooArt Villa位在二樓的餐廳主要供應早餐及晚餐，開放式的廚房，透明化餐點的製備過程，看得見主廚親手現做，精挑細選在地當季有機食材，導入客家菜的精髓，呼應創辦人所強調「順天應人」的理念，更展現出苗栗的在地特色能，讓旅人放心大膽享用美食佳餚。

早餐

供應時間從早上9點整開始，除非爲4間房客全包的旅客，否則早餐供應時間所有房客通通統一。

早餐以中式爲主，內附稀飯與無糖豆漿會由管家額外端上餐桌，以木盒盛裝，看似精緻，但是全部享用完畢，也是相當有飽足感的。

晚餐

供應時間爲晚上6點30分，一樣統一所有房客同時用餐，也可以藉此機會認識不同的旅客。

餐點以創意料理爲主，入住前會詢問每一位旅人的飲食禁忌，採地方季節材料，以無菜單方式提供，從前菜（開胃菜）、沙拉、湯、主菜，再到甜點……一系列餐點，不同的菜色滿足許多旅人的味蕾。

如有特殊包園，亦可提供客制服務如「天光下的一粒米」及「月光下的野菜園」特殊餐飲展演等……

圖片來源：官方提供

㈢特有好茶—璽龍茶

樹也ChooArt Villa餐食特別搭配特有好茶。20多年前，久樘創辦人帶著全家人移民至紐西蘭，本就喜茶愛茶的他興起在紐西蘭種茶的念頭，因此將臺灣茶株引入紐西蘭，歷經重重難關，最後順利種出茶業界中的LV茶。璽龍茶公開問世，據說連英國王儲查爾斯夫婦也對璽龍茶讚不絕口。

六、交通方式

樹也ChooArt Villa位在苗栗縣三義鄉龍騰村五鄰外庄27-1號，抵達方式主要有開車與搭乘接駁專車兩種方式。

㈠自行駕駛

圖片來源：官方提供

從國道1號行駛，下三義交流道下，依照指標方向向左轉往西湖渡假村的方向開，在途經麥當勞後，遇到岔即路靠左行駛，經過雅聞香草工廠後，再向前行駛約15分鐘會先抵達龍騰斷橋停車場，到此繼續向前開，看到樹也Villa的指標後，依指示右轉後，穿越紅磚廣場開上小坡，遇到岔路一樣走左側小路，約1分鐘就可抵達樹也ChooArt Villa[7]。

㈡搭乘接駁車

樹也ChooArt Villa針對住宿旅客提供免費接駁車服務，單日單趟，但是只到三義市區，接駁時間為下午1點30分到3點30分，且須提前預約。

若接駁範圍是從苗栗高鐵站或臺中高鐵站到樹也ChooArt

7 樹也ChooArt Villa備有專有停車場，若要抵達，在樹也ChooArt Villa門口（左側逆向方向）可再向前行駛，右手空地迴轉後，在往園區方向開，即可抵達停車場停放愛車。

Villa，則會採取付費接駁的方式，一樣可以提前告知樹也ChooArt Villa，將會有專人替旅人預約，也可以自行叫車前往。

七、鄰近景點

㈠龍騰斷橋

龍騰古稱爲「魚藤坪」，傳說中，先人們在此開墾之初，有鯉魚精作怪，因此鄉民們在龍騰山區種植大量魚藤，又稱東邊的高山爲關刀山，藉此毒殺鯉魚精，後光復因魚藤名較不優雅，而改名爲龍騰。

西元1985年甲午戰爭，因中國戰敗，臺灣被迫割讓給日本，日據時代的臺灣被大量開發，不只西部縱貫鐵路開闢，也開發了泰安往來勝興的聯通道路，爲此建了6座隘道與3座橋樑，其中一座橋梁正是龍騰斷橋。

龍騰斷橋完工於西元1906年，整座橋並無使用鋼筋水泥，而是大量使用紅磚塊以及花崗石，藉此取得平衡與吸震之效，不過逃過大大小小的地震，卻仍然沒逃過西元1935年的關刀大地震，因爲震央就位在關刀山附近，因此龍騰斷橋當時毀壞的相當嚴重，可以說是無法修復的地步，1999年921大地震，使得龍騰斷橋第6支橋墩又斷一節，雖已殘破不堪，但卻有濃濃的歷史遺跡在其中，見證了兩次大地震，除其古樸風味外更具保存意義。

備註：若是需要包車行程向樹也ChooArt Villa聯絡，民宿內也會提供相關資料供旅客參考。

㈡舊山線鐵道

此條鐵道於西元1908年完工，是架橋技術尚不成熟時期，前人們建造的最大坡度、最長花樑鋼橋、最大彎道、最長隧道群的鐵道，全線途經8座隧道、4座車站與3座橋梁，因此又被稱爲「近代鐵道工藝極至美學」，甚至因爲沿途的文化景觀與當初製造的鐵道技術，還被文化部認定爲世界遺產潛力點。

在西元1998年停駛後，各界都期盼舊山線鐵道能重新活化再利用，因此結合現在趨勢—自行車，採用動態保存文化的方式，既保存了舊山線鐵道的美，也以低碳、健康的方式讓旅人玩得看心，也賞得開心。

㈢勝興車站

臺灣西部縱貫鐵路的最高點就是勝興車站，海拔高度高達402.326公尺，也特地設有一座紀念碑紀念臺灣鐵路的最高點。

勝興車站建造於西元1916年，整棟建築皆以木頭做爲建材，特別的是，每一根梁柱都不使用釘子，充滿濃濃的日式風味，雖已有將近百年的歷史，至今仍然屹立不搖。

大家都知道臺北有九份，但是很少有人知道苗栗有「十六份」，其實十六份指的是十六份驛，而十六份驛就是勝興車站的舊稱。流傳下來的故事是這樣子的：

當時勝興車站所在的山區，長滿了許多的樟木，因此有人在這裡建造了十六座蒸餾樟腦用的寮灶，因此被稱爲十六份，勝興車站就被稱爲十六份驛。勝興小站雖爲小站，莒光號與自強號都不停靠，但縱橫山線的高級列車卻會在此暫停會車，因此勝興車站仍然有相當重要的功能，但在山線雙軌鐵路通車以後，西元1998年9月開始，正式停駛，正式走入歷史的勝興車站，仍然以其獨特的歷史與較高的海拔特色，讓這裡依然絡繹不絕。

㈣舊山線鐵道自行車

舊山線鐵道自行車路線共有三條，總時程都落在70至80分鐘，三條路線的景觀不同。

1. A路線：勝興站—南斷橋秘境（經魚藤坪鐵橋），總時程70至80分鐘（含解說時間，導覽自由參加），沿途經過：勝興車站、2號隧道（燈光投影），魚藤坪鐵橋（高33公尺）、遠眺龍騰斷橋北段、南斷橋秘境。

2. B路線：龍騰站（此路線不經過魚藤坪鐵橋）—勝興站總，時程70-80分鐘（含解說時間，導覽自由參加），沿途經過：2號隧道（燈光投影）、勝興車站（停留大約50分鐘，可逛逛勝興老街）。

3. C路線：龍騰站（經魚藤坪鐵橋）—6號隧道，總時程70-80分鐘（含解說時間，導覽自由參加），沿途經過：魚藤坪鐵橋（高33公尺）、遠眺龍騰斷橋北段、3-6號隧道、遠眺鯉魚潭水庫後池堰、內社川鐵橋。

㈤三義木雕博物館

苗栗三義最重要的產業，也是最重要的觀光資源就是—木雕，幾乎有百分之五十的鄉民都以木雕維生，主要的木材都取自於阿里山、豐原、竹山……等區域，主要以樟木爲主，其餘爲檜木、檀香木。三義木雕之所以出名則是源自木雕師傅的高超技藝，三義鄉的師傅們擅長因材施雕，根據不同的木材，先看出最適合雕成的形狀才下手，不時都有使用巨木原型去細雕成的美麗作品，一個個樸實無華的木材幻化成栩栩如生的作品，相當迷人。

在廣聲新城，因爲木匠師多到不計其數，更有神雕村之稱，後來該社區便於西元1990年成立了三義木雕博物館，隸屬於苗栗縣政府文化觀光局，正式開館從西元1995年4月開始，是目前臺灣唯一以木雕作爲主要展示品的公立博物館。

博物館主要期望藉此將三義木雕發揚光大，讓更多旅人認識三義木雕的鬼斧神工，也積極收集、展示、推廣不同的木雕，希冀各式木藝愛好者前來共襄盛舉。

八、人力資源管理技巧

㈠員工訓練

因為樹也ChooArt Villa隸屬於久樘開發企業旗下，因此員工訓練方面將以久樘開發的規定為主進行講述。

在久樘開發的官方網站中提到「經營不能只有數字，〝能夠讓人珍惜〞才是永續的力量」，而所謂的能夠讓人珍惜，不只是指建造的作品，也不只是指久樘發展，也包含久樘的每一位員工。

俗話說：「員工是企業最大的資產」，重視員工也是眞正能走得長久的方法之一，因此久樘開發也相當注重員工的權益，除了進入職場中會舉行的職前訓練、在職訓練之外，必要的講座與進修課程也都鼓勵員工參與。

像是2020年有關臺灣職安卡[8]的知識就有關於全體員工的權益，因此久樘自動自發進行自主學習，舉辦臨時訓練，邀請土木技師來到總部開辦課程，讓久樘企業以及其上的久億機構全體員工與合作廠商都參與有關職安卡的訓練課程，除了教授如何辨識工程危害、標準作業程序、安全衛生知識以外，對於對策以及緊急應變與急救處理也都清晰的讓員工了解，也讓所有參與課程的員工進行考試，藉此促進每一位參與員工都能用心看待這件事，認眞看待自己與他人的權益。

㈡薪資

樹也ChooArt Villa服務內容包含整理客房整潔、接待、提取旅客行李……，工作時段分為日班及晚班，採取輪班制，休假以公司規定為主，採月薪制加上盈利分紅。

---

8 根據勞動部的規範，辦理營造作業一般安全衛生教育訓練6小時課程後檢驗合格的教育訓練證明。

㈢福利

樹也ChooArt Villa的福利主要依照勞基法規定，勞保、健保、特休、勞退提撥金等都有提供，另外每年提供免費的健康檢查。

每位員工都有員工制服，也免費供食宿，除了不定期舉辦餐廳觀摩聚餐以及員工旅遊國內外飯店考察之外，針對自家民宿也有免費住宿一晚與享用晚餐的體驗。

看重員工的久樘開發企業也會溫馨的對生日的員工發放生日禮金，替員工慶祝他們的誕生，每年也根據獲利給予員工獎金分紅，激勵員工，妥善利用各種獎勵手法，提高員工對企業的忠誠度。

㈣員工旅遊

樹也ChooArt Villa定期都會提供員工旅遊，就像上一段提到的是他們的員工福利之一，但是員工旅遊不只是犒賞員工的方式，對樹也ChooArt Villa來說更是一種讓員工學習的方式。

以之前帶領員工們到峇厘島進行員工旅遊爲例，員工們體驗過奢華的住入體驗後，營運長回來卻對員工們說「把峇厘島忘掉，轉而做自己的風格吧。」，原因很簡單，因爲學習並不等同於模仿，而是記住好服務的精神，帶回來融合企業本身特色，再用心細心改善服務，自然能做出屬於樹也ChooArt Villa自己的風格。

㈤勞資情況說明

樹也ChooArt Villa中勞資關係屬於平行式溝通，不會出現上對下等不平等的現象，每年上級也會與員工們一同旅遊增加彼此感情。

在樹也ChooArt Villa工作的管家們並不是每一位都來自苗栗，但是他們必須長期在苗栗山區工作，如何讓員工在工作的同時也感到開心，樹也營運長陳美邑說「不是純粹服務好就好，而是要回到人的本質」，然而每個人對快樂的定義有所不同，所以樹也

ChooArt Villa大膽放權，從細節到主要服務，讓員工們自我判斷，只要能帶給旅客快樂，同時也能讓自己快樂，那服務模式便可因人而異。

在幾年前樹也ChooArt Villa更是放開手腳讓員工上位當老闆，但是自負盈虧，並告訴員工有賺錢再分就好，透過角色轉換，讓員工體驗不一樣的思考方式，讓員工與負責人站在一樣的高度，一樣的陣營，反而讓員工更知道如何提供更有品質的服務。

不少企業連給予員工足夠的權力進行服務都不敢去做，但樹也ChooArt Villa不但去做了，甚至更勇敢地交出經營權，不只展現了他們對員工的信任，也呈現出他們栽培員工的決心。

九、思考問題

㈠樹也ChooArt Villa給予員工何種學習機會，你覺得員工可以學到些什麼呢？

㈡樹也ChooArt Villa以尊重自然的方式建造，你覺得它的特色何在？

㈢樹也ChooArt Villa讓員工上位當老闆，你覺得對員工的教育訓練最佳的收穫是什麼呢？

參、Play Hotel民宿

一、人物介紹—Play Hotel成立背後推手

Play Hotel是藝人夫妻檔－王仁甫與季芹開創的民宿，是什麼樣的緣由讓兩位各有人氣的明星親自設計、下廚、營運一間充滿藝術感的「家」呢？一起來認識這背後推手們的故事吧。

仁甫

仁甫的爸爸喜歡建造房子，位在臺東被戲稱爲十二年國建的家，從繪圖一路到砌磚……都親力親爲，從小的耳濡目染，讓仁甫對建築與室內設計產生莫大的興趣，雖然因緣際會下成爲藝人進入

演藝圈工作，但是內心中一直埋藏著這個夢。

在仁甫買了第一間房子後，雖然與設計師前前後後進行溝通討論，但是房子的成品仍然差強人意，只有百分之四十符合他的想法，因此之後的幾間房子不論是自己住還是投資仁甫都親自畫室內設計圖，更花費一年的時間到實踐大學學習室內設計，讓自己備妥專業知識，迎接後來的設計夢實現……

季芹

季芹以前經常到墾丁度假，因此她最大的夢想就是臨海而居—想要在墾丁有一間面對著大海的房子，後來與仁甫討論，因為墾丁距離臺北太遙遠，因此只留下「在海邊的房子」這個想法，將地點從墾丁搬到兩人以前常常約會的宜蘭頭城。

花費將近3年多的時間找到最佳的地點後，季芹一路支持著仁甫，雖然過程中也有過爭吵、理財觀念不合，但是他們最後依然陪伴在彼此身邊，並且完成了彼此的夢想—擁有一間在海邊的房子；親自設計一棟房子。

原本的Play Hotel其實是兩人的家，在誤打誤撞下越建越大，就這樣轉為民宿經營。

現在兩人一個負責財務，一個負責經營，共同守護著這個夢，守護著家人，守護著這個很多人的「家」。

備註：本節圖片來源自官方提供。

二、關於Play Hotel

㈠緣起故事

宜蘭頭城是創辦人仁甫與季芹在戀愛時最常約會的地方，對他們倆人來說有著別具一格的意義，也因此頭城成爲他們夢想的發芽之地。

創辦人仁甫從小就備受父親影響，對於建築設計有著很深的興趣，一直期望著能夠親手設計一棟房子，從室內設計圖、裝潢、家具選用……都親力親爲，再加上妻子季芹夢想著能夠有一間面著海的房子，綜合倆人的夢，從頭城開始一步步築起夢的城堡，過程中耗費不少時間、金錢、精力，最終倆人一直以來的夢想都不再是夢，而是化作了現實。

Play Hotel以「Play」命名，中譯爲玩，是因爲主人本身就很愛玩，也期望每一位來到民宿的旅人能在這裡玩得開心盡興，因此民宿管理以提供客人沒說出口的需求爲宗旨，希望在客人沒開口之前就先做到該項服務，並讓旅人在民宿內可以盡情「Play」。

㈡成立沿革

在約莫2006-2007年間，建立一間自己設計的房子的想法開始逐漸萌芽，因爲希望海景就在眼前，所以堅持要尋找到大面寬且距離海岸線近的土地，花費了將近3年的時間，看了300多筆資料才終於選定位置，之後總共花了約8年的時間，自地自建[9]Play Hotel，最後終於在2014年正式開幕運營。

---

9 自地自建是指用自己的土地蓋自己的房子，產權完全獨立，從土地開始就依照使用者需求、喜好來做規劃設計。

㈢背後理念

Play Hotel是從零開始建造的，不同於其他民宿，是先有外在的殼才去做內部設計，看似自由發揮，其實從一開始就已經被外殼限制了管線與動向，因此仁甫當初以自地自建的方式建造，以人性化作爲出發點，讓房子由內而外成型，因爲房子是人們的家，是生活的地方，因此應該以人的生活方式決定格局布置，所以Play Hotel是先完成室內設計規劃才完成外觀樣貌設計的。

因爲期望每一位來到Play Hotel的旅人都能在這裡盡情享受生活，愉悅地玩耍，因此在Play Hotel的地下室打造一個專屬的遊戲空間，讓每一位來到Play Hotel的旅人能夠在這裡找到放鬆自我的空間；另外民宿內多處設有鞦韆，童趣之意象盡顯，臨海而坐，更是相當愜意自在。

備註：Play Hotel民宿 logo 圖片來源於Play Hotel官方Facebook。

㈣民宿特色

Play Hotel以人性化做爲出發點，在客房動線與格局布置上呈現的是主人翁仁甫的想法，因此整體格局設計相當特別，也有不少巧思隱藏在設計之中，當發現這些小設計時總讓人驚嘆，原來這不只是裝飾。

1. 大廳的長桌有別於其他民宿入門的接待處，營造歡樂交友空間。
2. 位在地下室的客廳，結合遊戲空間，童趣中緊抓核心Play。
3. 家具多爲外國設計大師作品，藝術風格充斥民宿。
4. 隱藏式沙發，巧妙節省室內空間。
5. 面對著龜山島與大海，多面積的落地窗遙望美景。
6. 客房風格大不相同，從古典到精緻、優雅到時尚一應俱全。
7. 結合花藝妝點公共空間，創造不同的藝術氣息。

三、經營方式

Play Hotel目前由藝人夫妻檔仁甫以及季芹共同經營，季芹負責財務管控，而仁甫負責經營管理，員工總數約莫爲6人，旅人們都稱呼他們爲（小）管家，房型總共有7間，風格各異，且整體空間格局設計非制式化，有如海浪般彎曲，也有以圓形爲主的設計形式，另外民宿內並沒有附設餐廳，但是早餐與晚餐都有聘請專業廚師製作美味餐點，所以旅人們來到Play Hotel也不用擔心餐食的問題，就像Play的意思一樣，來到這裡可以盡情享受，盡情Play。

㈠房型介紹

海景樓中樓

室內面積有60坪，位在民宿3、4樓，3樓爲主要起居室（30坪），4樓爲休息空間（15坪）及戶外露臺、面海景觀泳池、室內景觀花園（15坪）。

圖片來源：官方提供

雖爲雙人房型，但開放加床（一位大人與一位小孩），浴室與臥室都搭配大量落地窗，可以一邊洗浴／賴在床上，一邊欣賞海景。

房間裝潢以金屬感的搖滾風格，展現出主人翁對音樂的熱愛，掛著時鐘與望遠鏡，現代創作感十足。

女生

此房型也是樓中樓的海景房，同樣爲在3樓及4樓，總面積約爲30坪，20坪的室內空間外加10坪的戶外空間，兩層樓都有270度的超廣角視野，美麗海景一覽無遺。

圖片來源：無，Play Hotel官方網站

雙人房型，且可加床兩人，加床採用標準雙人沙發床。依樣可以一邊沐浴一邊欣賞海景，另外戶外小空間裝置有兩座金色鞦韆，盪著鞦韆，望著大海，彷彿回到孩童時期，玩耍就能獲得滿滿的快樂。

古典

此客房爲在二樓，總面積約爲20坪，房型爲雙人房，開放加床，總共可加兩位，使用之加床爲標準雙人床，另外兩座鞦韆裝置在室內，有180度的海景可觀賞，一日之晨甚至可以看到日出，景觀相當美。

圖片來源：無，Play Hotel官方網站

整體房型以白色爲主，以不少古典花紋作妝點，凸顯其整體高貴典雅的感覺。

永生樹

此房型位於民宿二樓，使用坪數約20坪，有180度的大面積落地窗可欣賞海景與日出，本身是雙人床房，但無法提供加床。

房間以白色系爲主，多以圓形及曲面設計，連鞦韆都是球狀，床頭一顆永生樹，搭配柔黃燈光，讓整體呈現溫暖氛圍。

圖片來源：無，Play Hotel官方網站

極光

圖片來源：Play Hotel官方Facebook

客房爲在民宿二樓，使用面積約16坪，有180度落地窗可欣賞日出與海景，爲一四人房型，使用床鋪式kingsize的雙人床。

此房型最特別的是呼應其名的極光，因爲民宿主人翁一直想去看極光卻無法如願，因此特意設計此房型，藉由北極光的折射，讓人彷彿身如阿拉斯加。

艦橋

圖片來源：無，Play Hotel官方網站

房間位在地下一樓，房間坪數約爲24坪，本身爲雙人房型，但可加床兩位，使用的加床爲標準雙人沙發床。

此房型不面向海邊，但是面向21米的泳池，也有進出泳池的專屬露臺，運用臺階與玻璃框圍住床鋪，讓客房大床就像是一艘準備出航的艦船。

幾何

圖片來源：無，Play Hotel官方網站

此房型位在地下一樓，房間總坪數約24坪，室內面積使用18坪，進出泳池的專屬露臺使用6坪。

客房床鋪爲一雙人床，不開放加床使用，也不面海，但泳池就在床邊，夏天時想玩水便相當方便。

㈡客房特色

打破制式格局的客房

有別於一般民宿與住宅，是先有外觀才打造內部裝潢，Play Hotel以內在設計為優先，因此客房格局並非制式化的垂直線條，而是透過曲線來柔和整體風格，在極光房型便可一覽無遺，不只牆壁與整體空間，連天花板都是這樣的設計。

圖片來源：無，Play Hotel官方網站

沐浴、賞景同時進行

Play Hotel最大特色就是面海，因此不管在客廳抑或客房內幾乎都有美景可以觀賞，不只是想放空時可以賞，用餐時也可以賞，連沐浴、泡澡時也都可以賞，一邊洗去一天疲憊一邊賞景沉澱情緒，多麼愜意。

圖片來源：無，Play Hotel官方網站

若是擔心隱私性問題，也有窗簾可以將窗戶全部遮擋，不用擔心海灘玩耍的可疑視線。

大片落地窗透視美景

Play Hotel七間客房中都使用大面積的落地窗，創造強烈的透視感，五間客房面海，因此晨起之時有充滿希望的日出之景，天氣好時也可遠眺龜山島，另兩間客房雖不面海，但也毫不脫離水的元素，面向泳池，也確實有一道門可通向泳池。

圖片來源：Play Hotel官方Facebook

圖片來源：Play Hotel官方Facebook

㈢訂房須知

Play Hotel的check-in時間為下午3點到晚上8點，check-out時間則為中午11點前，房價只包含2客早餐（部份四人房型提供4客早餐），晚餐需額外付費，人數計算以9歲為分隔點，9歲以上即以一位大人視之，9歲以下仍可入住，但以2位為單位算一位大人加床費用。

民宿內全面禁菸，客房內則禁止攜帶寵物與烹煮食物，也不能攜帶外食於客房內享用，另需特別注意的是，民宿重視低碳環保，因此不主動提供一次性使用之備品，例如牙刷、牙膏、刮鬍刀……等等。

㈣供餐介紹

Play Hotel本身並無附設餐廳，但是依然有提供早餐、下午茶與晚餐，因為民宿主人仁甫對廚藝也頗有興趣，另一位主人家季芹甚至特地去學烘焙，只為製備美味佳餚給來訪旅人享用。

早餐

仁甫本身就對廚藝有興趣，所以起初是由仁甫親自出馬，製備早餐，但因工作繁忙，因此目前請到五星大廚來料理，但是只

圖片來源：無，Play Hotel官方網站

要有空閒，他都會親自下廚，現在每一季的菜單也都會由他親自隨季節設計。

下午茶

下午茶對非住客也是開放的，以雙人套餐爲例（圖片所示），包含焦糖烤布蕾、巧克力布朗尼、重乳酪蛋糕……等等，不只甜點美味，連擺盤設計都相當精美，裝飾的花藝還是主人季芹親手設計的。

圖片來源：Play Hotel官方Facebook

備註：遷入時間若非規定時段須提前以電話告知，遷出時間若未依規定則延後一小時追加1000元的費用。

晚餐—PLAY海陸饗宴

晚餐開放非住客享用，因座位有限所以若要享用需事先於7日前訂餐，房客也須訂餐，費用爲每人1000元。

圖片來源：無，Play Hotel官方網站

民宿面海，自然佳餚也要與海相關，因此Play Hotel提供海陸套餐，食材使用每日漁港現撈海鮮、prime級別的沙朗、牛小排以及松阪豬，並與當地有機小農合作，讓旅人吃得健康又開心。

最後民宿小管家還會以鍋料湯底爲基底，加入白飯、蛋與一系列配料製作雜炊粥，爲晚餐作一個正式的結尾。

備註：Play Hotel晚餐預定人數限制最少兩位。

Happy Hour調酒暢飲

這包含在好客專案之中，小管家們會提供各式飲品，包含酒精性與非酒精性，只要手中的飲品享用完畢，就能到吧臺續杯，不論是喜歡酒精還是喜歡茶飲的旅人都能享受無限暢飲的快樂。

圖片來源：Play Hotel官方Facebook

四、環境介紹

(一)建築外觀

Play Hotel的外觀採用大量的玻璃以及亮面材質，甚至刻意在牆面製造轉折，讓建築物外觀非垂直平面，藉此來模擬鑽石的切面，使整座民宿有如頭城海邊挖出的一顆巨石，看似樸實無華，實則剖開外殼是一顆美艷動人的鑽石，藉由這樣強烈的反差，讓旅人有驚喜的感覺。

爲了讓民宿整體有從海中被挖掘出的視覺印象，Play Hotel也特意在相對低窪的臨路面設置泳池或流水造景，營造出Play Hotel位在海上的錯覺。

建造時程長，因此也有不少趣事發生，像是原本樸實無華的外觀原本打算以毫無修飾的水泥表面來呈現，但因爲當時東北角暨宜蘭海岸國家風景區管理處有相關的建築規定，此地區新建的建築物外觀都得是白色的，因此外觀顏色只能依規定大量使用白色，讓創辦人仁甫笑道：雖仍有岩石意象，但房子變成白色鵝卵石了。

圖片來源：Play Hotel官方Facebook

(二)民宿環境

民宿地面上有4層樓，地下有1層樓，嚴格來說總共有5層樓，民宿內部清一色也以白色系爲主，並以大量花藝結合裝飾，文藝氣息濃厚，另外Play Hotel家具融入不少創辦人仁甫多年來收藏的名品，讓旅人進到內部，眞的會驚艷到連連讚嘆。

地下一樓的空間主要有2間客房、客廳兼遊戲室與泳池，一樓爲大廳、用餐區（也可稱爲餐廳）與閱覽專區，二樓有3間客房，三、四樓有2間樓中樓房型客房，以下將針對公共區域進行介紹。

停車場

Play Hotel有附設停車場，但是停車位只有兩位，若是已經停滿，也會有小管家協助引導停放車輛，不用擔心車子停放問題。

房子的背面也是符合規定的大面積白色，簡約的印上黑字民宿Logo，美觀大方。

吧檯料理區（餐廳）

民宿供餐主要都在此吧檯區域進行，以多切面方式呈現木質吧檯，不同於一般餐廳的料理檯呈現，此項設計也是仁甫親自操刀，相當別緻。

圖片來源：Play Hotel官方Facebook

圖片來源：Play Hotel官方Facebook

餐桌（用餐區）

以長餐桌取代迎面而來的客廳，不只希望可以打破傳統格局，也讓旅人能在這裡邊欣賞風景邊交流談天。

採用大量收藏家具，不只有西班牙設計師Jaime Hayon，也有法國設計師Philippe Starck的作品，呈現高品質的藝術感，創辦兼設計者仁甫說，爲了讓白色空間多一點柔和，所以特地選用線條彎曲的椅子，與透明的塑膠椅，讓整體風格走向溫馨而非單調，也不雜亂導致影響海景欣賞。

花藝空間

此區域也是Play Hotel相當有特色的地方，以大量花藝設計妝點民宿內部。

仁甫希望室內有室外花園的景致，因此開始尋覓花藝師，後來被當時還是學生的古文旻作品吸引，於是成就民宿各處不少美麗花藝佈景。

圖片來源：Play Hotel官方Facebook

客廳兼遊戲室與泳池

圖片來源：Play Hotel官方Facebook

將客廳設計在地下一樓，並與遊戲空間結合，跳脫常見的格局，讓交流的空間更溫馨慵懶，也更適合來到民宿好好Play。

21米的泳池，開放給所有住客使用，讓旅人不用離開民宿也能快樂玩水，但須注意晚上8點過後只提供給艦橋與幾何房的住客使用。

備註：遊戲室、泳池開放住客使用時間僅從下午3點—晚上8點。

五、交通方式

Play Hotel位在宜蘭縣頭城鎮濱海路2段106號，抵達方式主要有開車與搭乘大眾交通工具兩種方式。

㈠自行駕駛

從臺北出發，可經由國道三號（北二高）轉往國道5號（北宜高速公路），一路向前行駛，離開雪山隧道後開始靠右前行，下頭城礁溪交流道出口後右轉北上往頭城市區（二省道庚線），繼續行駛過頭城大橋後，往基隆方向開就會到達Play Hotel了，注意車速勿過快，不然容易開錯過民宿。

㈡搭乘火車

搭乘臺鐵的旅人，可以乘坐至頭城火車站，再轉乘排班計程車直達民宿；另外若是想散散步，體驗一下習習吹來的海風，則可以乘坐至外澳火車站，出車站後走向對面步道，向右走約5分鐘一樣可以抵達Play Hotel。

六、鄰近景點

本節除介紹鄰近景點之外，也將介紹Play Hotel爲旅人提供的體驗宜蘭的公眾活動。

Play Hotel—農家樂

Play Hotel位在有山有水的宜蘭，雖距離臺北相當近，卻多了份純樸自然，因此民宿旅人也能像回到鄉下爺爺奶奶家一樣，丟掉城市生活的繁忙，回歸鄉下簡單樸實的快樂，因此提供農家樂一日遊體驗、控土窯體驗，想參加都可以向（小）管家洽詢。

圖片來源：無，Play Hotel官方網站

飛旋海豚

民宿面朝大海，離海那麼近，不認識一下海洋裡的生物多麼可惜，因此Play Hotel提供賞鯨與前進龜山島的活動，因爲需要與船家接洽，所以若有需求，需事先向（小）管家洽詢預定。

圖片來源：無，Play Hotel官方網站

駁風衝浪

Play Hotel位處頭城海邊，說到好好Play，怎麼可以少了水上

活動呢。

想體驗衝浪活動就透過民宿的管道向專業的ISA國際衝浪教練學習吧，不但有實作教學，安全知識也會教授，可以說是一舉兩得，同賞鯨豚活動一樣需要事先向（小）管家洽詢預約。

圖片來源：無，Play Hotel官方網站

圖片來源：無，Play Hotel官方網站

高空飛行傘

住在民宿內，只要天氣好時，就有機會遠眺龜山島的身影，小小的島嶼，讓人想飛過海洋直奔而去。

飛行傘體驗雖無法眞的非到島上，但飛上天空島嶼彷彿觸手可及，也非常值得Play一下。

龜山島

龜山島位於頭城鎮海岸以東約10公里，目前是臺灣少數僅存的活火山，也是宜蘭縣島嶼中最大的。

龜山島又被叫作龜山嶼，因島型像似浮在海上的烏龜得名，全島由龜首、龜甲與龜尾組成，目前龜山島爲東北角暨宜蘭海岸國家風景區內。

在西元1977年前還有居民居住於島上，但後來因軍事需求，居民皆遷回本島臺灣，因此至今沒人居住於島上，現在已重新開放登島，但只限制爲每年的3月－11月，且每天登島人數限制爲1800人，每週三則只開放給學術研究團隊，若要前往401高地，限制人數則拉低至100人，而且需要額外申請。

龜山島—401高地

龜山島的401高地以前曾經是氣象觀測站，海拔高度約爲389公尺的高山加上3公尺高的瞭望臺，總高度爲401公尺因而得名，爬上1700多階的長梯，到達制高點，便可以一覽全島風光。

蘭陽博物館

蘭陽博物館在官網中說道，宜蘭是一座博物館，而蘭陽就是認識這座博物館的入口，希望可以典藏、研究、推廣在地文化，從民國99年開始對外運營。

外型打造形似單面山礁岩景觀，與鄰近自然景觀形成呼應對照，內部則藉由光與光影的變化打造穿透交錯感，館內更是經常舉辦各式展覽，不論內外都讓旅人值得一訪在訪。

藏酒酒莊

西元1996年前，臺灣積極輔佐葡萄酒業，因此鼓勵果農種植金香葡萄與黑后葡萄，後來因爲臺灣加入WTO，臺灣農業面臨打擊，因此西元2006年藏酒酒莊成立，爲了幫助當地果農，也爲了延續臺灣獨特的葡萄酒風味，因此與果農合作，堅持繼續釀造獨特臺灣酒。

整座藏酒酒莊位在山林之間，重山環繞，有美好的景致，山谷裡生態也很豐富，螢火蟲閃爍在山林中，讓藏酒酒莊多了幾分夢幻氣息。

另外酒莊也是臺灣北部第一家擁有綠色建材概念的酒莊，最出名的就是金棗果園與雪山支系甘泉研發出的金棗酒。

五峰旗瀑布

五峰旗風景區是蘭陽八景中其中一景，內有五座山峰並列，因此得名，風景區內的五峰旗瀑布則是最著名的風景點，有人間仙境的美稱，因爲地勢陡峭的緣故，總共衍生出了三層的瀑布。

看著瀑布傾瀉而下，享受著山中的微風，幽靜的環境，適合每一位旅人到此走走步道，散散心境。

七、人力資源管理技巧

㈠員工訓練

圖片來源：Play Hotel官方Facebook

創辦人之一的季芹說「帶人要帶心」，因此仁甫與季芹在Play Hotel中，無論民宿事務大或小通通都親力親為，透過親身體驗，了解員工們的辛勞與可能面臨的挑戰，並藉此找出解決方案教授予員工。

以自身作為標準，親自成功做到，再去要求員工，連整床速度他們都規範在47分鐘之內完成，因為他們親自試驗過，證實了可以在47分鐘內完成又將客房清理整潔，所以才去要求員工做到。

像這樣透過實際的案例來進行員工訓練，比起紙上談兵更加有用。

㈡薪資

Play Hotel一管家

服務內容包括進行館外接待、館內引導、整房、聯繫活動商家、環境清潔……等等，另外希望擔任管家者在個性方面偏樂觀、有服務熱忱且為人和善，月休8天，採排班制，薪資則採月薪制，在面試時透過面對面交流過程中則可再議薪資。

㈢福利

Play Hotel依照勞基法規定，勞保、健保、特休、勞退提撥金等都有提供，另外部定期舉辦員工聚餐與員工旅遊，犒賞員工工作的辛勞。

員工制服會提供，並不定時發放員工獎金，另外因為主人翁之一的季芹認為「人」是任何職業營運成功的關鍵因素，因此相當用心經營與員工之間的關係，常利用閒暇之餘和員工互動、談天……，以熱心與關心對待每一位為Play Hotel付出的員工。

圖片來源：2017，PLAY Hotel官方Facebook

㈣員工旅遊

Play Hotel的員工旅遊不只是為了犒賞員工，也希望讓每一位辛苦的管家們能夠盡情Play，據仁甫說，Play Hotel的員工旅遊很瘋狂，不同於度假，而是勇敢冒險，用團結的心去一同去挑戰，走叢林再溯溪、爬到岩石頂端泡露天溫泉、冒著風雨在大晚上抓蝦……等等，對他們來說，每一場員工旅遊都是一場冒險之旅，從中收穫的不只是快樂，更有滿滿的感動與羈絆。

圖片來源：2015，PLAY Hotel官方Facebook

㈤勞資情況說明

仁甫在受訪時曾經說過，他不覺得自己是這間民宿的老闆，反而是美好經驗的分享者，他甚至說過，Play Hotel的主角其實是每一位管家，他們更像是主人，關心、服務著每一位來到這裡的旅人。

圖片來源：2019，PLAY Hotel官方Facebook

由此可以看出，Play Hotel對於員工是平等且相互尊重的，員工之於他們，是工作夥伴，更是家人，仁甫與季芹希望給每一位旅人快樂，也希望他們的每一位員工快樂。

八、思考問題

㈠Play Hotel將員工視爲什麼樣的存在，你認同這樣的想法嗎？

㈡Play Hotel的創辦人從演藝界跨入服務業，你覺得有什麼是需要克服的？

㈢Play Hotel 在人力資源管理上最有特色是福利制度，你覺得要如何平衡工作條件呢？

肆、東寧文旅

一、人物&命名介紹—東寧文旅成立

東寧文旅前身爲擁有52年歷史故事的老旅館，附近擁有相當多的年輕旅行者必訪的景點，目前已由負責人重新改造重生爲東寧旅館，現在就讓一起來認識東寧文旅背後的創辦人及民宿的命名由來吧。

陳俊安

俊安主修設計，對臺南市民宿業已頗有接觸，再者東寧文旅前身一新生旅館正恰位在臺南精華地區的民生路上，因此俊安決定將老屋保留空間架構，但重新設計改造以重現新風華，目前也順利將民宿經營成爲時下年輕人舒適又有歷史風味的暫時落腳之處，國內外旅客絡繹不絕。

東寧之源

至於東寧文旅爲何取名爲東寧呢？是因爲歷史上的鄭成功之子鄭經，當時大清國對其招降，而鄭經則回道：「遼絕大海，建國東寧，於版圖疆域之外別

立乾坤」，當時的東寧就是指臺灣，因此以東寧命名希望讓旅人回想歷史，再現臺灣府城的印象。

備註：本節圖片來源自東寧文旅官網及官方facebook。

二、關於東寧文旅

㈠緣起故事

東寧文旅在改造之時保留了原先舊有的空間結構，並將房間分成「臺南和臺灣」、「人和環境」、「世界和銀河」三個系列，總共設計了20間不同主題的客房，且整間民宿以「地圖」爲主題設計，充斥著各種臺南市地圖，有古色古香極具特色，閒暇之時不妨走訪其中，尋找多年前的臺灣記憶吧，拼湊出獨屬於自己的老城地圖。

㈡民宿特色

東寧文旅以地圖爲主題，也因此整棟民宿大廳到處充滿了地圖，每一幅地圖幾乎不重樣，呈現出不同時代中的臺南分布圖，入內彷彿換了個朝代，多了一絲復古氣息。

1. 多幅地圖妝點大廳。
2. 二十間客房主題不斷變化，帶來新意。
3. 老舊架構結合復古氣息，獨樹一格。

三、經營方式

東寧文旅總共有20間客房，9間標準雙人房，2間豪華雙人房，1間豪華雙床房，2間基本三人房，4間基本四人房，背包客棧房型2間，又細分混宿與全女宿，民宿內不附餐廳，但提供餐具與冰箱供入住旅人使用。

㈠房型介紹

臺南小星球

房內坪數約是8坪，標準入住人數爲2人，不可加人入住，內含衛浴空間。

房名中含有小星球，因此房內也裝飾了相當多的星球畫作，圖畫中的星球有大有小，顏色各異，就像訴說著每一位旅人都代表著一顆星球，而每個人都是獨一無二的存在。

圖片來源：東寧文旅官方訂房網站

東吉嶼

房內坪數約是8坪，標準入住人數爲2人，不可加人入住，內含衛浴空間。

此房內也呼應民宿地圖主題，掛滿臺南地區地圖，在客房床頭上方更是掛了大大的一幅臺南安平海口圖。

圖片來源：東寧文旅官方訂房網站

元素週期表

圖片來源：東寧文旅官方訂房網站

房內坪數約是8坪，標準入住人數爲2人，不可加人入住，內含衛浴空間。

此房型以橘色調作爲主體基調，整間客房沒有過多裝飾，只有三幅相框點綴其中，顯得簡約大方又素雅。

愛

圖片來源：東寧文旅官方訂房網站

房內坪數約是8坪，標準入住人數爲2人，不可加人入住，內含衛浴空間。

呼應房名一愛字，床頭上方妝點一幅用各國語言的愛字拼湊出來的愛心形狀，充分營造客房主題性。

彩虹

圖片來源：東寧文旅官方訂房網站

房內坪數約是8坪，標準入住人數爲2人，不可加人入住，內含衛浴空間。

此房與愛之房裝飾類似，是在床前牆上點綴一幅會有彩虹的語言愛心，象徵著愛不分性別。

嘉南大圳

圖片來源：東寧文旅官方訂房網站

房內坪數約是8坪，標準入住人數爲2人，不可加人入住，內含衛浴空間。

嘉南大圳房型亦相當簡約素雅，牆上裝飾有兩幅相片，呼應著嘉南大圳房名。

地球

圖片來源：東寧文旅官方訂房網站

房內坪數約是8坪，標準入住人數爲2人，不可加人入住，內含衛浴空間。

呼應地球房名，房內添置地球儀與世界地圖，並以藍色調呈現，彷彿房內就是一座地球。

鳥瞰

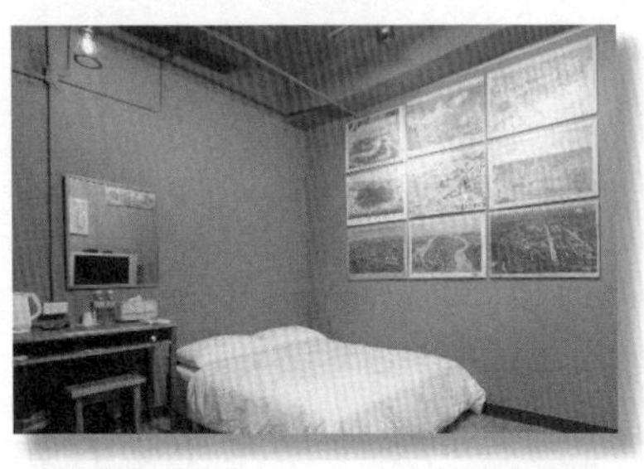
圖片來源：東寧文旅官方訂房網站

房內坪數約是8坪，標準入住人數爲2人，不可加人入住，內含衛浴空間。

對應房名，房內有需多幅空中俯瞰圖的相片，視野相當遼闊。

大航海

圖片來源：東寧文旅官方訂房網站

房內坪數約是8坪，標準入住人數爲2人，不可加人入住，內含衛浴空間。

大航海時代的來臨徹底改變歷史，此房似是紀錄這樣重要的一段歷史，內妝點多幅航海圖。

臺灣府城

圖片來源：東寧文旅官方訂房網站

房內坪數約是8坪，標準入住人數爲2人，不可加人入住，內含衛浴空間。

府城就是現在的臺南，因此呼應房名，房內掛上大幅臺南府城地圖。

大河戀

圖片來源：東寧文旅官方訂房網站

房內坪數約是8坪，標準入住人數爲2人，不可加人入住，內含衛浴空間。

大河戀中掛著不同於其他房型的地圖，橫幅直掛，形成獨特的古樸氣息。

百年記憶

圖片來源：東寧文旅官方訂房網站

房內坪數約是12坪，標準入住人數爲3人，不可加人入住，內含衛浴空間。

以百年記憶命名，於是在房中可見許多老舊相片，百年的風華依舊再現於旅人眼前。

鐵馬

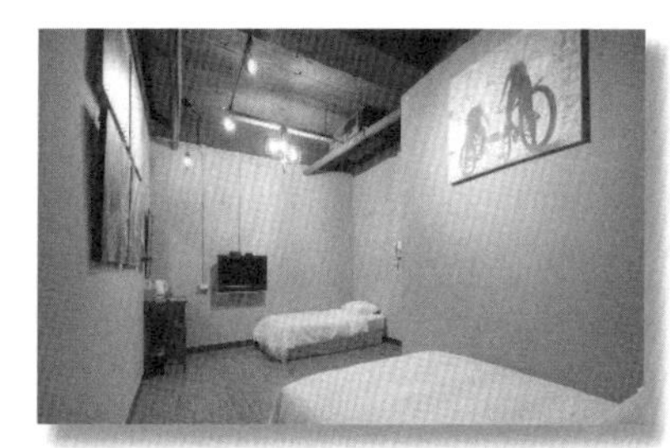
圖片來源：東寧文旅官方訂房網站

房內坪數約是12坪，標準入住人數爲3人，不可加人入住，內含衛浴空間。

俗稱鐵馬就是現在逐漸盛行的腳踏車，房內以畫作呼應房名。

太陽系

圖片來源：東寧文旅官方訂房網站

房內坪數約是12坪，標準入住人數爲3人，不可加人入住，內含衛浴空間。

灰藍色調奠基，搭配幾幅小畫作裝飾其中，整體如同民宿其他客房，大方簡潔。

帝國邊境

圖片來源：東寧文旅官方訂房網站

房內坪數約是12坪，標準入住人數為4人，不可加人入住，內含衛浴空間。

並排的房床面前牆上一幅世界大陸地圖，整個地球就是一座帝國，而每一位旅人旅居帝國每一隅都會有不同的邂逅故事。

飛翔

圖片來源：東寧文旅官方訂房網站

房內坪數約是12坪，標準入住人數為4人，不可加人入住，內含衛浴空間。

房內大量鳥類相關的畫作，橘色基調也使客房整體顯得活潑生動。

銀河

房內坪數約是12坪，標準入住人數為4人，不可加人入住，內含衛浴空間。

客房內裝飾有大有小的畫作，都跟銀河系相關，入住於此彷彿來到了新的神秘世界。

星座

圖片來源：東寧文旅官方訂房網站

房內坪數約是12坪，標準入住人數為4人，不可加人入住，內含衛浴空間。

前有銀河後有星座，對應房間主題，房內牆上也有不同星座的畫作，非常歡迎旅人尋找自己的那顆星。

散步

圖片來源：東寧文旅官方facebook

房內坪數約是8坪，標準入住人數爲6人，不可加人入住，內含衛浴空間，是六人混合的背包客房。

採取上下舖的方式，主打青年背包客，因此客房色調採用較爲年輕有活力的顏色。

美食

圖片來源：東寧文旅官方facebook

房內坪數約是6坪，標準入住人數爲4人，不可加人入住，內含衛浴空間，是女性背包客房。

同6人混合背包客房型，採用上下舖方式，下舖備用拉簾維護隱私，整體色調則偏向少女色的薄荷綠。

㈡客房特色

地圖主題貫穿民宿與客房

無論民宿大廳抑或客房內部四處掛滿地圖，而每一幅地圖皆不相同，亦有各自代表的意涵，旅人來到此處，可盡情享受尺規經緯、河川大陸分布的趣味。

圖片來源：東寧文旅官方訂房網站

多樣化客房主題

整棟民宿有20間客房，但每一間客房都量身設定主題，與環境、宇宙、世界、臺灣、臺南、愛……等相關，期盼每一位來到這裡的旅人都能找到自己所關心、喜愛的主題，認識了解它。

圖片來源：東寧文旅官方訂房網站

圖片來源：東寧文旅官方訂房網站

老舊結構，別具文化氣息

建築由老屋重新改造而成，大量保留建築架構，因此身在老屋之中彷彿穿越時空，可以細細品味其中的歷史文化蘊涵。

㈢訂房須知

東寧文旅的入住時間為下午3點以後，退房時間則為中午11點前，預約訂房後須事先來電確認，另館內禁止攜帶寵物，亦嚴禁菸、酒、檳榔等物品，房價餘款須於入住時出示身分證後一併繳清。

四、環境介紹

㈠建築外觀

民宿外觀不同於內裡的古樸，卻一樣簡約大方，帶有民宿名稱的招牌展現在黑直框上，帶有古城建築意象的LOGO也抬眼可見，就像多年來的歷史總是靜默留存，只要想探究的旅人動身邂逅，就能發現其中奧妙。

呼應地圖主軸，兩片玻璃大門上亦有地圖行列其上，想摸清地圖呈現為何，不妨前往一探究竟。

㈡民宿環境

迎賓大廳

進入民宿內部，首先來到的便是迎賓大廳，在這裡，可見古樸的木質調櫃臺與獨特的地圖，其後空間也妝點各式地圖，供旅人漫步賞閱。

休憩區

這裡是一樓大廳延伸處，設有大長桌與冰箱，可以說是旅人們交流談天的好去處，在此也可見各式古樸飾物，文化氣息濃厚，置身於此彷彿回到多年前的府城。

圖片來源：東寧文旅官方提供

迎賓等候區

進入民宿內部左側映入眼簾的是老屋中常見的青色木櫃，擺放各式模型、相片、畫作與折頁簡介，向前望去牆上更是掛滿一幅幅地圖，可一一觀覽。

圖片來源：東寧文旅官方facebook

五、交通方式

東寧文旅位在臺南市中西區民生路二段83號，抵達方式主要有開車與搭乘大眾交通工具兩種方式。

㈠自行駕駛

從仁德交流道往臺南方向下以後，直行東門路並接著行往民權路，經過圓環行至民生路，一直直行到海安路口，就可以抵達東寧文旅。

㈡大眾交通運輸工具

1. 從高鐵臺南站轉乘臺鐵沙崙線到達臺鐵臺南火車站，並由前站轉搭乘2號公車，於郭綜合醫院站下車，步行即可到達東寧文旅。
2. 抵達臺南火車站後直接搭乘計程車到達東寧文旅，路程約5分鐘。
3. 從臺南火車站下戰後直接步行至東寧文旅，路程約20分鐘。

六、鄰近景點

東寧文旅位在臺南市中心，周邊皆是鬧區與豐富的觀光資源，因此，民宿甚至提供散步美食地圖，方便旅人漫遊臺南。

圖片來源：2017，東寧文旅官網

赤崁樓

建造於西元1653年，爲荷蘭人攻入臺灣時所築，當時稱作「普羅民遮城」，作爲行政及商業中心。

主要建築構造爲三座略爲方形的臺座相接，在每一臺座上都建有西洋式樓房，如今已歷經300多年，樓閣依然巍峨典雅，見證過荷治、清治、日治、民國時期的起起落落，有極大的歷史意義，目前爲歷史文物館，供旅人遊覽。

內部包含海神廟、文昌閣、蓬壺書院、普羅民遮城正門、小碑林、技勇石、石駝及赤崁樓主堡遺跡……等，文昌閣一樓爲文物陳列室，可觀覽歷史遺留下來的珍貴產物，二樓則祀奉魁星爺，以祈求金榜題名；而海神廟則展示赤崁樓的相關文物與模型書畫，非常適合漫步並細品當時代的風華。

臺南孔廟

臺南孔子廟也是臺灣最早的文廟，因爲在清朝時是唯一的學府，因此有「全臺首學」美稱，是坐北朝南的建築，依照祖制爲左學右廟式架構，內有鴟鴞、通天筒、泮池……等孔廟必配備之飾物，歷史文化意涵濃厚，於是於民國72年正式被列爲國家第一級古蹟。

圖片來源：2021，作者拍攝

臺南孔廟歷經二戰，甚至於泮宮石坊上還留有2個彈孔痕跡，可以說是見證了臺灣的戰爭時期與和平時期，保存顯得相當有必要，歷經三百多年，雖有多處斑駁，但所有建築無不在顯示出其豐沛的文化價值，內部也多會利用禮器庫與樂器庫舉辦展覽，讓旅客能透過展覽更加認識孔廟與孔廟文化。

延平郡王祠

延平郡王祠是臺灣眾多主祀鄭成功的廟宇中唯一由官方興建的專祠，也是日本人最早在臺灣設置的神社（於日治時期改名爲開山神社），更有著二次大戰前日本海外神社中唯一從廟宇更改爲神社的特例，此三項足見臺南延平郡王祠的重要性。

建造於明朝永曆16年，當時民眾感念鄭成功來臺驅逐荷蘭人，因此設立了「開山王廟」供奉祂，廟名中的「山」則是暗指臺灣，蘊含著鄭成功爲開臺聖王之意。後來臺灣發生牧丹社事件，清朝沈葆楨來臺改開山王廟爲「延平郡王祠」，成爲清朝時最早的官方鄭成功紀念祠，後因清朝割臺予日，因此「延平郡王祠」又改爲「開山神社」，直到光復後西元1963年才重新修建爲現今的建築樣貌。

這也是臺灣唯一一座紅色融合些日式氣息的福州式建築，祠內門面繪製的八個門神都是白膚色藍眼的外國人樣貌，會有如此獨特的門神設計是因爲要感念鄭成功趕走荷蘭人，因此以洋人型態著明朝官袍來駐守廟門，如此景象相當有趣。

祠內園區的鄭成功文物館內則收藏了許多珍貴的古文物與史料，包含日治時期的開山神社使用的日式神轎……，各式記載著歷史脈絡的文物都珍藏於此，等待每一位旅人前來邂逅。

臺南大天后宮

臺南的大天后宮是臺灣最早官建的媽祖廟，又俗稱爲大媽祖宮，原本是寧靖王朱術桂的府邸，因爲臺灣人民對於海上聖母一媽祖的信仰，因此施琅特地奏請清廷，將寧靖王府改建爲天妃宮供奉媽祖，後來媽祖更被加封爲天后，因此廟名爲「大天后宮」，這也是臺灣第一座關鍵的媽祖廟，極具歷史意義。

大天后宮建築雖歷經多次改建卻仍然保有明朝王府建築時的風貌，廟中匾額與對聯也相當多，尤其包含歷代皇帝親賜的御匾，建築雕塑則爲當時的福建名師所鑿刻，這些藝術與文化的碰撞讓大天后宮增添不少文藝氣息。

臺南市美術館

臺南市美術館是合併後的臺南縣市中規模最大的公共文化建設，目前透過美術爲核心展示活動，例如：音樂、繪畫、舞蹈、建築……等等，另外結合科技，將歷史脈絡重新詮釋重現，同時進行教育推廣，讓臺南市的歷史文化有再次被看見、重視的機會。

臺南文化深遠，且歷經荷蘭、鄭氏、清領、日治以及國民政府來臺各個階段，蘊含相當深厚的文化資產，因此臺南市美術館透過藝術的方式詮釋臺南積累的文化寶藏，以期讓臺南市名重新認識臺南美術與文化，也藉此活化臺南的歷史記憶，凝聚臺南市民對於在地文化的認同。

國立臺灣文學館

臺灣文學從原住民一路到至今，早已累積大量多元內涵，卻因歷代更迭，文書保存不易，散佚的資料數不生數，於是在西元1991年行政院文化建設委員會提出設立「現代文學資料館」計畫，經過多次會議商討後，最終於2007年確定「國立臺灣文學館」之名。

國立臺灣文學館的前身是臺南州廳，後歷經不同時期不同單位使用，建築本體構造年久失修，歷經6年多修復工程後才形成如今模樣，並於西元2003年正式開館營運，是一座歷經百年的國定古蹟，也是臺灣第一座國家級的文學博物館。

目前臺灣文學館不只進行文學的蒐集、保存、研究，也會透過各式展覽與活動將文學推廣出去，因爲文學的演變就像是時代演變的縮影，每一個世代有各自的文學與作家，藉由臺灣文學館的展覽更能讓人見證並了解文學的演變成長，讓文學更貼近旅客，帶動整體文化發展，另外設置圖書閱覽室等空間，多元的服務加深建築的使用性與在地居民、旅客前來的意願。

藍晒圖文創園區

藍晒圖文創園區原本爲舊司法宿舍群，隨時代更迭演進，居民多已搬遷，因此，臺南市政府爲了保存文化記憶與重新活化老屋空間，透過「藍晒圖」[10]藝術做爲園區的發展主軸，以保留建築物的

10 藍晒圖是早期的工程手法，利用感光紙與透明紙重疊曬太陽時產生的化學變化使圖紙色調變成藍色（故得名），以前主要用來拷貝圖片。

形式並結合文創品牌的方式重新活絡聚落，是目前臺南市年輕族群相當喜愛前往的景點之一。

七、人力資源管理技巧

㈠員工訓練

根據訪問創辦人後得知，東寧文旅的教育訓練上採用傳承制度，讓舊有的員工來指導新進員工，以大帶小的方式，進行工作上的經驗傳承與工作內容指導，這樣的方式不但讓新進員工能更快的掌握職業工作內容，也能促進員工之間的交流，一舉兩得。

㈡薪資

東寧文旅－房務人員

服務內容包含整理客房整潔、消毒、補充衛浴用品、協助其他區域的清潔工作……等，工作時段爲早上08：30至下午17：30，採取排班制，休假以公司規定爲主，薪資約爲＄20000-35000元不等，於面試時進行商議。

東寧文旅－櫃臺人員

服務內容包含訂房與網路行銷事宜、接待旅客以及提供當地旅遊諮詢服務……等，工作時段分爲中班中午12：00至晚上21：00以及晚班下午15：00至晚上24：00，採輪班制度，薪資約爲＄24000-26000元。

㈢福利

東寧文旅的福利主要依照勞基法規定，勞保、健保、特休、勞退提撥金等都有提供，也會依照上班時段給予員工餐。

另外，會採用獎勵制度加薪，因爲民宿管家並非實質的上下班制，旅客的諮詢電話是隨時都有可能打進民宿內的，即使在夜半時分也有可能接到訂房電話，因此若是在正常上下班時段以外，員工多接到訂房電話，便會依照比例給予獎勵，因此實際薪資會在基本薪資上在多加獎勵。

八、思考問題

㈠東寧文旅用什麼樣的方式給予員工獎勵，你覺得對員工來說有吸引力嗎？

㈡東寧文旅以地圖作爲民宿主題，你覺得特色度夠嗎？有什麼可以增加主題性的呢？

㈢東寧文旅之櫃檯人員與房務人員都會負責跨部門工作，有什麼人力資源管理模式，可以讓他們分工合作？

附錄一
民宿管理辦法

第一章　總則

第 1 條

本辦法依發展觀光條例（以下簡稱本條例）第二十五條第三項規定訂定之。

第 2 條

本辦法所稱民宿，指利用自用或自有住宅，結合當地人文街區、歷史風貌、自然景觀、生態、環境資源、農林漁牧、工藝製造、藝術文創等生產活動，以在地體驗交流爲目的、家庭副業方式經營，提供旅客城鄉家庭式住宿環境與文化生活之住宿處所。

第二章　民宿之申請准駁及設施設備基準

第 3 條

民宿之設置，以下列地區爲限，並須符合各該相關土地使用管制法令之規定：

一、非都市土地。

二、都市計畫範圍內，且位於下列地區者：

㈠風景特定區。

㈡觀光地區。

㈢原住民族地區。

㈣偏遠地區。

㈤離島地區。

㈥經農業主管機關核發許可登記證之休閒農場或經農業主管機關劃定之休閒農業區。

㈦依文化資產保存法指定或登錄之古蹟、歷史建築、紀念建築、聚落建築群、史蹟及文化景觀，已擬具相關管理維護或保存計畫之區域。

㈧具人文或歷史風貌之相關區域。

三、國家公園區。

第 4 條

民宿之經營規模，應為客房數八間以下，且客房總樓地板面積二百四十平方公尺以下。但位於原住民族地區、經農業主管機關核發許可登記證之休閒農場、經農業主管機關劃定之休閒農業區、觀光地區、偏遠地區及離島地區之民宿，得以客房數十五間以下，且客房總樓地板面積四百平方公尺以下之規模經營之。

前項但書規定地區內，以農舍供作民宿使用者，其客房總樓地板面積，以三百平方公尺以下為限。

第一項偏遠地區由地方主管機關認定，報請交通部備查後實施。並得視實際需要予以調整。

第 5 條

民宿建築物設施，應符合地方主管機關基於地區及建築物特性，會商當地建築主管機關，依地方制度法相關規定制定之自治法規。地方主管機關未制定前項規定所稱自治法規，且客房數八間以下者，民宿建築物設施應符合下列規定：

一、內部牆面及天花板應以耐燃材料裝修。

二、非防火區劃分間牆依現行規定應具一小時防火時效者，得以不燃材料裝修其牆面替代之。

三、中華民國六十三年二月十六日以前興建完成者，走廊淨寬度不得小於九十公分；走廊一側為外牆者，其寬度不得小於八十公分；走廊內部應以不燃材料裝修。六十三年二月十七日至八十五年四月十八日間興建完成者，同一層內之居室樓地板面積二百平方公尺以上或地下層一百平方公尺以上，雙側居室之走廊，寬度為一百六十公分以上，其他走廊一點一公尺以上；未達上開面積者，走廊均為零點九公尺以上。

四、地面層以上每層之居室樓地板面積超過二百平方公尺或地下層面積超過二百平方公尺者，其直通樓梯及平臺淨寬爲一點二公尺以上；未達上開面積者，不得小於七十五公分。樓地板面積在避難層直上層超過四百平方公尺，其他任一層超過二百四十平方公尺者，應自各該層設置二座以上之直通樓梯。未符合上開規定者，應符合下列規定：

㈠各樓層應設置一座以上直通樓梯通達避難層或地面。

㈡步行距離不得超過五十公尺。

㈢直通樓梯應爲防火構造，內部並以不燃材料裝修。

㈣增設直通樓梯，應爲安全梯，且寬度應爲九十公分以上。

地方主管機關未制定第一項規定所稱自治法規，且客房數達九間以上者，其建築物設施應符合下列規定：

一、內部牆面及天花板之裝修材料，居室部分應爲耐燃三級以上，通達地面之走廊及樓梯部分應爲耐燃二級以上。

二、防火區劃內之分間牆應以不燃材料建造。

三、地面層以上每層之居室樓地板面積超過二百平方公尺或地下層超過一百平方公尺，雙側居室之走廊，寬度爲一百六十公分以上，單側居室之走廊，寬度爲一百二十公分以上；地面層以上每層之居室樓地板面積未滿二百平方公尺或地下層未滿一百平方公尺，走廊寬度均爲一百二十公分以上。

四、地面層以上每層之居室樓地板面積超過二百平方公尺或地下層面積超過一百平方公尺者，其直通樓梯及平臺淨寬爲一點二公尺以上；未達上開面積者，不得小於七十五公分。設置於室外並供作安全梯使用，其寬度得減爲九十公分以上，其他戶外直通樓梯淨寬度，應爲七十五公分以上。

五、該樓層之樓地板面積超過二百四十平方公尺者，應自各該層設置二座以上之直通樓梯。

前條第一項但書規定地區之民宿，其建築物設施基準，不適用前二項規定。

第 6 條

民宿消防安全設備應符合地方主管機關基於地區及建築物特性，依地方制度法相關規定制定之自治法規。

地方主管機關未制定前項規定所稱自治法規者，民宿消防安全設備應符合下列規定：

一、每間客房及樓梯間、走廊應裝置緊急照明設備。

二、設置火警自動警報設備，或於每間客房內設置住宅用火災警報器。

三、配置滅火器兩具以上，分別固定放置於取用方便之明顯處所；有樓層

建築物者，每層應至少配置一具以上。地方主管機關未依第一項規定制定自治法規，且民宿建築物一樓之樓地板面積達二百平方公尺以上、二樓以上之樓地板面積達一百五十平方公尺以上或地下層達一百平方公尺以上者，除應符合前項規定外，並應符合下列規定：

一、走廊設置手動報警設備。

二、走廊裝置避難方向指示燈。

三、窗簾、地毯、布幕應使用防焰物品。

第 7 條

民宿之熱水器具設備應放置於室外。但電能熱水器不在此限。

第 8 條

民宿之申請登記應符合下列規定：

一、建築物使用用途以住宅為限。但第四條第一項但書規定地區，其經營者為農舍及其座落用地之所有權人者，得以農舍供作民宿使用。

二、由建築物實際使用人自行經營。但離島地區經當地政府或中央相關管理機關委託經營，且同一人之經營客房總數十五間以下者，不在此限。

三、不得設於集合住宅。但以集合住宅社區內整棟建築物申請，且申請

人取得區分所有權人會議同意者，地方主管機關得爲保留民宿登記廢止權之附款，核准其申請。

四、客房不得設於地下樓層。但有下列情形之一，經地方主管機關會同當地建築主管機關認定不違反建築相關法令規定者，不在此限：

㈠當地原住民族主管機關認定具有原住民族傳統建築特色者。

㈡因周邊地形高低差造成之地下樓層且有對外窗者。

五、不得與其他民宿或營業之住宿場所，共同使用直通樓梯、走道及出入口。

第 9 條

有下列情形之一者，不得經營民宿：

一、無行爲能力人或限制行爲能力人。

二、曾犯組織犯罪防制條例、毒品危害防制條例或槍砲彈藥刀械管制條例規定之罪，經有罪判決確定。

三、曾犯兒童及少年性交易防制條例第二十二條至第三十一條、兒童及少年性剝削防制條例第三十一條至第四十二條、刑法第十六章妨害性自主罪、第二百三十一條至第二百三十五條、第二百四十條至第二百四十三條或第二百九十八條之罪，經有罪判決確定。

四、曾經判處有期徒刑五年以上之刑確定，經執行完畢或赦免後未滿五年。

五、經地方主管機關依第十八條規定撤銷或依本條例規定廢止其民宿登記證處分確定未滿三年。

第 10 條

民宿之名稱，不得使用與同一直轄市、縣（市）內其他民宿、觀光旅館業或旅館業相同之名稱。

第 11 條

經營民宿者，應先檢附下列文件，向地方主管機關申請登記，並繳交規費，領取民宿登記證及專用標識牌後，始得開始經營：

一、申請書。

二、土地使用分區證明文件影本（申請之土地爲都市土地時檢附）。
三、土地同意使用之證明文件（申請人爲土地所有權人時免附）。
四、建築物同意使用之證明文件（申請人爲建築物所有權人時免附）。
五、建築物使用執照影本或實施建築管理前合法房屋證明文件。
六、責任保險契約影本。
七、民宿外觀、內部、客房、浴室及其他相關經營設施照片。
八、其他經地方主管機關指定之文件。

申請人如非土地唯一所有權人，前項第三款土地同意使用證明文件之取得，應依民法第八百二十條第一項共有物管理之規定辦理。但因土地權屬複雜或共有持分人數眾多，致依民法第八百二十條第一項規定辦理確有困難，且其他應檢附文件皆備具者，地方主管機關得爲保留民宿登記證廢止權之附款，核准其申請。

前項但書規定確有困難之情形及附款所載廢止民宿登記之要件，由地方主管機關認定及訂定。

其他法律另有規定不適用建築法全部或一部之情形者，第一項第五款所列文件得以確認符合該其他法律規定之佐證文件替代。

已領取民宿登記證者，得檢附變更登記申請書及相關證明文件，申請辦理變更民宿經營者登記，將民宿移轉其直系親屬或配偶繼續經營，免依第一項規定重新申請登記；其有繼承事實發生者，得由其繼承人自繼承開始後六個月內申請辦理本項登記。

本辦法修正前已領取登記證之民宿經營者，得依領取登記證時之規定及原核准事項，繼續經營；其依前項規定辦理變更登記者，亦同。

第 12 條

古蹟、歷史建築、紀念建築、聚落建築群、史蹟及文化景觀範圍內建造物或設施，經依文化資產保存法第二十六條或第六十四條及其授權之法規命令規定辦理完竣後，供作民宿使用者，其建築物設施及消防安全設備，不受第五條及第六條規定之限制。

符合前項規定者，依前條規定申請登記時，得免附同條第一項第五款規定文件。

第 13 條

有下列規定情形之一者，經地方主管機關認定確無危險之虞，於取得第十一條第一項第五款所定文件前，得以經開業之建築師、執業之土木工程科技師或結構工程科技師出具之結構安全鑑定證明文件，及經地方主管機關查驗合格之簡易消防安全設備配置平面圖替代之，並應每年報地方主管機關備查，地方主管機關於許可後應持續輔導及管理：

一、具原住民身分者於原住民族地區內之部落範圍申請登記民宿。

二、馬祖地區建築物未能取得第十一條第一項第五款所定文件，經地方主管機關認定係未完成土地測量及登記所致，且於本辦法修正施行前已列冊輔導者。

前項結構安全鑑定項目由地方主管機關會商當地建築主管機關定之。

第 14 條

民宿登記證應記載下列事項：

一、民宿名稱。

二、民宿地址。

三、經營者姓名。

四、核准登記日期、文號及登記證編號。

五、其他經主管機關指定事項。

民宿登記證之格式，由交通部規定，地方主管機關自行印製。

民宿專用標識之型式如附件一。

地方主管機關應依民宿專用標識之型式製發民宿專用標識牌，並附記製發機關及編號，其型式如附件二。

第 15 條

地方主管機關審查申請民宿登記案件，得邀集衛生、消防、建管、農業等相關權責單位實地勘查。

第 16 條

申請民宿登記案件，有應補正事項，由地方主管機關以書面通知申請人限期補正。

第17條

申請民宿登記案件，有下列情形之一者，由地方主管機關敘明理由，以書面駁回其申請：

一、經通知限期補正，逾期仍未辦理。

二、不符本條例或本辦法相關規定。

三、經其他權責單位審查不符相關法令規定。

第18條

已領取民宿登記證之民宿經營者，有下列情事之一者，應由地方主管機關撤銷其民宿登記證：

一、申請登記之相關文件有虛僞不實登載或提供不實文件。

二、以詐欺、脅迫或其他不正當方法取得民宿登記證。

第19條

已領取民宿登記證之民宿經營者，有下列情事之一者，應由地方主管機關廢止其民宿登記證：

一、喪失土地、建築物或設施使用權利。

二、建築物經相關機關認定違反相關法令，而處以停止供水、停止供電、封閉或強制拆除。

三、違反第八條所定民宿申請登記應符合之規定，經令限期改善而屆期未改善。

四、有第九條第一款至第四款所定不得經營民宿之情形。

五、違反地方主管機關依第八條第三款但書或第十一條第二項但書規定，所爲保留民宿登記證廢止權之附款規定。

第20條

民宿經營者依商業登記法辦理商業登記者，應於核准商業登記後六個月內，報請地方主管機關備查。

前項商業登記之負責人須與民宿經營者一致，變更時亦同。

民宿名稱非經註冊爲商標者，應以該民宿名稱爲第一項商業登記名稱之特取部分；其經註冊爲商標者，該民宿經營者應爲該商標權人或經其授權使用之人。

民宿經營者依法辦理商業登記後，有下列情形之一者，地方主管機關應通知商業所在地主管機關：

一、未依本條例領取民宿登記證而經營民宿，經地方主管機關勒令歇業。

二、地方主管機關依法撤銷或廢止其民宿登記證。

第 21 條

民宿登記事項變更者，民宿經營者應於事實發生後十五日內，備具申請書及相關文件，向地方主管機關辦理變更登記。

地方主管機關應將民宿設立及變更登記資料，於次月十日前，向交通部陳報。

第 22 條

民宿經營者申請設立登記，應依下列規定繳納民宿登記證及民宿專用標識牌之規費；其申請變更登記，或補發、換發民宿登記證或民宿專用標識牌者，亦同：

一、民宿登記證：新臺幣一千元。

二、民宿專用標識牌：新臺幣二千元。

因行政區域調整或門牌改編之地址變更而申請換發登記證者，免繳證照費。

第 23 條

民宿登記證、民宿專用標識牌遺失或毀損，民宿經營者應於事實發生後十五日內，備具申請書及相關文件，向地方主管機關申請補發或換發。

第三章　民宿經營之管理及輔導

第 24 條

民宿經營者應投保責任保險之範圍及最低金額如下：

一、每一個人身體傷亡：新臺幣二百萬元。

二、每一事故身體傷亡：新臺幣一千萬元。

三、每一事故財產損失：新臺幣二百萬元。

四、保險期間總保險金額：新臺幣二千四百萬元。

前項保險範圍及最低金額，地方自治法規如有對消費者保護較有利之規定者，從其規定。

民宿經營者應於保險期間屆滿前，將有效之責任保險證明文件，陳報地方主管機關。

第 25 條

民宿客房之定價，由民宿經營者自行訂定，並報請地方主管機關備查；變更時亦同。

民宿之實際收費不得高於前項之定價。

第 26 條

民宿經營者應將房間價格、旅客住宿須知及緊急避難逃生位置圖，置於客房明顯光亮之處。

第 27 條

民宿經營者應將民宿登記證置於門廳明顯易見處，並將民宿專用標識牌置於建築物外部明顯易見之處。

第 28 條

民宿經營者應將每日住宿旅客資料登記；其保存期間爲六個月。

前項旅客登記資料之蒐集、處理及利用，並應符合個人資料保護法相關規定。

第 29 條

民宿經營者發現旅客罹患疾病或意外傷害情況緊急時，應即協助就醫；發現旅客疑似感染傳染病時，並應即通知衛生醫療機構處理。

第 30 條

民宿經營者不得有下列之行爲：

一、以叫嚷、糾纏旅客或以其他不當方式招攬住宿。

二、強行向旅客推銷物品。

三、任意哄抬收費或以其他方式巧取利益。
四、設置妨害旅客隱私之設備或從事影響旅客安寧之任何行為。
五、擅自擴大經營規模。

第31條

民宿經營者應遵守下列事項：

一、確保飲食衛生安全。
二、維護民宿場所與四週環境整潔及安寧。
三、供旅客使用之寢具，應於每位客人使用後換洗，並保持清潔。
四、辦理鄉土文化認識活動時，應注重自然生態保護、環境清潔、安寧及公共安全。
五、以廣告物、出版品、廣播、電視、電子訊號、電腦網路或其他媒體業者，刊登之住宿廣告，應載明民宿登記證編號。

第32條

民宿經營者發現旅客有下列情形之一者，應即報請該管派出所處理：

一、有危害國家安全之嫌疑。
二、攜帶槍械、危險物品或其他違禁物品。
三、施用煙毒或其他麻醉藥品。
四、有自殺跡象或死亡。
五、有喧嘩、聚賭或為其他妨害公眾安寧、公共秩序及善良風俗之行為，不聽勸止。
六、未攜帶身分證明文件或拒絕住宿登記而強行住宿。
七、有公共危險之虞或其他犯罪嫌疑。

第33條

民宿經營者，應於每年一月及七月底前，將前六個月每月客房住用率、住宿人數、經營收入統計等資料，依式陳報地方主管機關。

前項資料，地方主管機關應於次月底前，陳報交通部。

第34條

民宿經營者，應參加主管機關舉辦或委託有關機關、團體辦理之輔導訓練。

第35條

民宿經營者有下列情事之一者，主管機關或相關目的事業主管機關得予以獎勵或表揚：

一、維護國家榮譽或社會治安有特殊貢獻。

二、參加國際推廣活動，增進國際友誼有優異表現。

三、推動觀光產業有卓越表現。

四、提高服務品質有卓越成效。

五、接待旅客服務週全獲有好評，或有優良事蹟。

六、對區域性文化、生活及觀光產業之推廣有特殊貢獻。

七、其他有足以表揚之事蹟。

第36條

主管機關得派員，攜帶身分證明文件，進入民宿場所進行訪查。

前項訪查，得於對民宿定期或不定期檢查時實施。

民宿之建築管理與消防安全設備、營業衛生、安全防護及其他，由各有關機關逕依相關法令實施檢查；經檢查有不合規定事項時，各有關機關逕依相關法令辦理。

前二項之檢查業務，得採聯合稽查方式辦理。

民宿經營者對於主管機關之訪查應積極配合，並提供必要之協助。

第37條

交通部爲加強民宿之管理輔導績效，得對地方主管機關實施定期或不定期督導考核。

第38條

民宿經營者，暫停經營一個月以上者，應於十五日內備具申請書，並詳述理由，報請地方主管機關備查。

前項申請暫停經營期間，最長不得超過一年，其有正當理由者，得申請展延一次，期間以一年爲限，並應於期間屆滿前十五日內提出。

暫停經營期限屆滿後，應於十五日內向地方主管機關申報復業。

未依第一項規定報請備查或前項規定申報復業，達六個月以上者，地方主管機關得廢止其登記證。

民宿經營者因事實或法律上原因無法經營者，應於事實發生或行政處分送達之日起十五日內，繳回民宿登記證及專用標識牌；逾期未繳回者，地方主管機關得逕予公告註銷。但依第一項規定暫停營業者，不在此限。

第四章　附則

第 39 條

交通部辦理下列事項，得委任交通部觀光局執行之：

一、依第十四條第二項規定，為民宿登記證格式之規定。

二、依第二十一條第二項及第三十三條第二項規定，受理地方主管機關陳報資料。

三、依第三十四條規定，舉辦或委託有關機關、團體辦理輔導訓練。

四、依第三十五條規定，獎勵或表揚民宿經營者。

五、依第三十六條規定，進入民宿場所進行訪查及對民宿定期或不定期檢查。

六、依第三十七條規定，對地方主管機關實施定期或不定期督導考核。

第 40 條

本辦法自發布日施行。

附錄二
作者與民宿業者實際訪談內容
（以下對話作者皆爲A，民宿業者皆爲B）

東寧文旅

A：房務和民宿管家這兩個部份他們在薪資上都是PT嗎？

B：如果眞的有請管家的時候，通常如果房間數少，管家一般都是全職的多，但是當然要規模夠大，畢竟一個人有兩三萬的薪水，所以如果生意好的話房務當然也要PT，生意不好的話房務當然也要兼櫃臺，薪資一般是兩萬到三萬五都有可能，看規模和營業額，獎勵的制度也有一種狀況是，民宿管家兼房務，有一個問題就是它不是上下班制，遊客不會因爲你上下班不打電話，你還是有可能半夜就接到訂房，所以在正常的上下班制，如果你有多接，老闆是不是應該以一定的比例給你一些獎勵，或是應該要先跟人員講好，在上班時間之外，如果能夠多接到房間都算是額外的獎勵。就是多幾百塊。所以民宿人員的薪資和上班人員的計算方式會有點不一樣，是以基本的薪資外加獎勵的方式，那各家的老闆因爲規模不同，制度也有所不一樣。那對我來說就是從旅館的人力兼營民宿。請一個管家兼房務，先以四間房間爲主，之後如果運行可以再加兩間房間。可是兩家小民宿發現這樣的規模還不夠，基本上是要三個班到四個班。

一個微型旅館兩個小民宿

A：所以你目前這樣進來做這行做多久了？

B：兩年半

A：那你進來有遇到什麼比較困難的問題？

B：第一個就是微型經濟面臨人力，多一個則太多，少一個又太少的問題。也就是微型經濟的人力的調度問題，因爲多一個人就要多付兩三萬的薪水，但少一個人卻對於其他的員工以及自己都是相當大的負擔，所以這個反映在櫃檯跟房務，也就是管家跟房務，比如說：一個管家可能太多，可是你又必須請全職，不然沒有人要做，可是一個房務太多，但是你請PT的工讀又不好調度，除非他只願意當你的兼職。比如說：A員工她家裡不缺錢，她只做她想做的時候。老公也在上班，小孩也都長大了，每天只是打打牌賺點零用錢因此來這裡工作，所以她也不希望來這裡上班造成太多的負擔，只是想賺賺零用錢。因此我跟她約定，一個禮拜做三天的班。反正A員工的時間基本上都是空的，但是只想做三天的時間。剛好對我來講也剛剛好，需要的時候再叫，大家各取所需。

第二個就是市場供過於求的問題，臺南在民宿合法化之後，不只是民宿在過去十年數量整個大量攀升，那加上觀光榮景的時候飯店就一直在進行規劃，陸續的展店，也因此大量房源供給，可是偏偏觀光會有榮景跟枯景，會有興衰，經濟會有起伏，在面臨觀光的起伏時候，市場的房間不會有太大變動，因爲是固定的資產，因此房間只是增加的快慢，房間數上基本不會變，市場有起伏，房間數供過於求造成過度競爭的問題。

A：所以再來第三個衍生的問題，過度競爭遊客顯量下降，造成房價下跌，進行削價競爭。比如說我們抓市場上在網站排名，BOOKING、AGODA，但是這兩個網站會以旅館爲主，因爲民宿的量很少很難去抓。但是要怎麼用自己製作的大數據去判斷市場，最好的方式就是，你去訪問網站他也不會跟你講，但是後臺看的到這些數據。如果你的研究要比較長期的話，他是可以做大規模的調查，比如說以在BOOKING網站推出來的前三十家去算他們特定的日期，比如說固定每個禮拜或固定禮拜幾，因爲他不是跟外面的比而是跟自己比，同樣的樣本在不同的月份，就可以以旅館做指標，看他價格的變化，來看整個市場的趨勢起伏，看他是上升還是下降，因爲你去做價格的問題，就可以看到價格的起落。那平日和假日在做就知道平日大概多少、假日大概多少，這個部份其實就會發現一個趨勢，就是平日和假日的價格差。像臺南我感覺這兩年的削價競爭非常嚴重，那為什麼會產生削價競爭呢？

B：我覺得還有一個困難就是遊客總量的減少，也就是說就目前要去看兩個數據，國旅市場的總體，旅館和民宿就是屬於住宿的產業，它是一個總體，那沒有合法的旅館和民宿，他是一個隱形的數據。但不變的是，只要總量夠大，也就是遊客總量只要夠大，大家的產業都會欣欣向榮，但是總體遊客的降低，一個看國旅市場，一個看境外的遊客市場，像境外的遊客市場雖然一度上升到千萬，現在也維持在千萬，但它的兩百萬要比較是陸客的減少、自由行的增加。

B：有些境外旅客做短期經濟的人數增加，有可能是來做打工或是幫傭，可能做地下經濟、情色的經營也都有，那這些以短期的觀光簽證之名來的旅客，但他們不是以遊客的行為在消費，但是在數據上仍然有增加，但卻沒有得到實質的提升。也就是說這些東南亞增加的旅客，有可能是以觀光的名義來打工。那現在兩岸的政策的關係，不是我們去抵制人家，而是人家從經濟的角度來影響我們。這不是現在政府的問題，因為為了要拉攏遊客而影響到國家的問題，這是不可接受的，因為中國在針對過去菲律賓甚至日本的釣魚臺以及韓國設置飛彈，中國對鄰國常常用觀光團客的限制這個手段，來去作為國際政治的交涉手段。所以確實臺灣的陸客有減少，那在自由行的部分雖然有增加，有補回來一點點，但是團客總體仍然是縮水的，在這種情況下，總量看起來一樣，團客減少本來就是世界旅遊的趨勢，那加上政治力量的介入，東南亞的增加雖然有補足了臺灣維持千萬遊客的數字，但是它不完全是以旅遊的名義，就算是它的消費能力也有差，因此說境外市場的確是在減少。那國旅也有減少，因為針對軍公教的年金的改革。年金改革對於旅遊市場造成很大的衝擊，但這不是錯的。我的意思是說，雖然年改這個大方向是對的，雖然有部分的人比較辛苦，過去做的財務規劃被打亂，對於退休金的可以支配的額度是減少的，那當然會造成軍公教人員的不滿。總而言之是個陣痛期，但它確實是對旅遊市場造成了影響。實質消費的人降低了，所以總和來說，我們已經談到了內部國旅市場自由消費的人減少、外部大環境的陸客減少，這樣子造成了什麼結果？造成了民宿如果在上階的商務遊客如果維持蓬勃的情況下，至少是平衡的，大飯店不見得有降價，但是陸客團客的減少也會影響到大型飯店，大型飯店的價格如果下修，那它就會吃到國旅的市場，國旅高階旅客，那商務客在中等的旅館，不是五星級的酒店，國際旅館往下搶商務旅館，商務旅館往下搶一般旅館，一般旅館往下搶民宿，所以總體的繁榮促進了觀光鏈的成長。總體的減少則會促成觀光鏈的質變。量變造成質變，也就是臺灣觀光現在面臨的現況，那民宿作為最底層的部分，又有民宿的外部效應就是，市中心吸引旅客比鄉村方便。市中心未合法的日租套房和民宿大幅增加，所以造成了現今民宿的合法與否是一個關鍵。關鍵是你的規模，所以它遇到的困難，再加上學術界比較好注意的，訂房網站它屬於一個共享經濟，打著共享的精神，因此讓所有的住宿型態都能在訂房網站上刊登。後來，BOOKING開放了，BOOKING是這兩年半來開放了民宿的登記，而且民宿的登記不是以民宿是否合法，只要能拿出想像的證明，也就是說如果你有做公共的保險，有做消防的證明，隨便的東西BOOKING就讓你認證加入了。因此BOOKING取代了AIRBNB成為了臺灣最大的訂房網站。它也是全球最大的訂房網站。它的彈性經營是關鍵的一部分。

B：民宿目前經營的困難還有一個就是招呼人員，很困難，困難的原因在於高階的人力會覺得民宿或微型旅館的人規模太小，所以它不願到這個工作環境，其實大企業小企業都要待，可是年輕人不容易發覺這一點，在大企業有時候在五星級的酒店當禮賓員或房務或當外場服務人員，一做可能就做三年，有人問你就可以說:我在某某五星級飯店上班，就會覺得很有面子，但薪水不見得比較高，工作也許比較忙，但是你的工作甚至還可能比較單一，你能學到的反而很有限。那它卻是會吸引年輕人在那個環境工作，可是小民宿或微型旅館，麻雀雖小五臟俱全，就是全部的事情，內內外外你全部都要摸索到，所以它反而是一個全才的訓練，所以民宿的困難就是，民宿跟大型旅館對年輕人的就業選擇就是專才跟全才的選擇，在大飯店很專才但是學到的很片面，但是民宿麻雀雖小五臟俱全，你是前後臺全才都要學習，對於你要開店、未來要開通事業是很有幫助的，但是當然大的飯店又能夠增加你的眼界，所以其實兩邊都應該有足夠的時間去沉浸在不同的經濟環境裡面，功夫才會學得好。否則，像我因緣際會請到大旅館的來這裡當櫃臺，完全不能用。因為他們不習慣，覺得我在那邊只要做好一件事情就好，做外場、做泊車的、做房務的、做櫃臺，也不用管到電腦的後臺，可是在小旅館就不是，如果做民宿管家或微型旅館的櫃檯，前臺就要會看，跟人家比較今天的訂價，後臺要自己調價，跟老闆討論好後自己調價，要聯絡房務去執行那些業務，然後甚至如果房務是榻榻米的，民宿的管家是不是要自己去做房務的工作，這些事情都讓這裡是一個全才的訓練，但是大的飯店像大的企業，有不同的部門，所以你會知道大的架構，所以小的訓技組跟大的訓技組這種不同公司的訓練其實對人才都要，那我們的部門就在於說，你不容易找到科班出身的人來微型的旅館或是小型民宿，所以都會用非科班出身的人員進廠。但是它有它的活潑性，反而正規的進廠會看不起這些微型產業，可是忽略了它在全才訓練的重要性。這個是比較可惜的，可是愈早經歷過這種柴米油鹽醬醋茶的全才訓練，你會任何事的多面項跟細微之處才會更細心，這個訓練很重要。

荷蘭洋行二館

A：我想問現在雇用的方法跟招募員工的方式，為什麼會有這個議題呢？因為我現在接觸一些旅館業，他們比較面對的就是TURN

OFFER，也就是人力很難持續下來這個問題，這是我自己推測的，民宿業者應該也是更難，因爲他的經濟規模組織都比較小，所以更沒有辦法吸引一個年輕人留下來。所以說目前像你們『荷蘭洋行』，大概在雇用人的方法是用哪個管道，是學校來的？還是………？

B：就管道的話，坦白講我們試過太多了，也有同學是在當老師的，高餐的不會來這裡，像我的同學有的在『實踐大學』推薦過來，然後當然像我們的同業有個群組，就有說到管家，畢竟他們在這個領域已經待過想換換環境。我們這邊算是民宿裡面比較有規模的。

A：因爲你有兩家，所以人力又比較好調配，對吧。

B：當然一般都還是從招募平臺、同業的推薦，還有另外一個比較特別的方法，就是透過教會，因爲我覺得他們比較願意去付出，其實這個就是牽涉到政府法規『一例一休』，對這個行業的殺傷力太大，造成像現在的年輕人，學校很奇怪的都教學生如何去跟你的老闆爭取權利，但其實這是不對的，如果你是其他的行業我說不准，但是這個行業裡面其實人跟人的接觸的那個感覺很重要，那他們基本上如果沒有這種服務的熱忱，比如說員工下班就覺得自己下班了，假如有客人的LINE（因爲我們都會用LINE來做溝通上的服務），他們是完全不理會的，然後問他他會不高興，甚至要求加薪。可是我是覺得他們已經被教育成說，下班就是下班了。當然某一個程度來講是沒錯，那是員工的權利，但是我會認爲你是對於這個工作沒有認同感。

A：也就是態度啦，我覺得那個認同的態度很重要！所以我覺得你從教會這個管道我覺得蠻好的，尤其像是教會，他們都有種奉獻的精神，他們本來教會裡面就有這個意涵。

B：是啊接觸人的層面你必定要跟客人能打成一遍，這就牽涉到教育訓練，我們就用故事去串起，像是我們『荷蘭洋行』，在臺灣沒有人在講荷蘭的故事，但是後來因爲我在法國北部，那個地方很靠近荷蘭荷比盧，那其實荷蘭他們這個國家很有趣，他們高度國際化，每一個學生幾乎都到國外去唸書，像以前我們班就一大堆，他們這群荷蘭人的思想、邏輯、概念非常好，也常常在課堂上發問，問到老師都快回答不出來了，然後我之後就跟這群荷蘭人變成好朋友，因爲這種很有想法的人很難得遇到，所以後來也慢慢了解荷蘭的故事，其實臺灣作爲一個大航海時代的國家，可是我們這一段的歷史是空白的，我就想辦法要去彌補，所以就把這邊的空間塑造成大航海時代的感覺。

A：在這個地點位置我覺得跟故事起源蠻契合的，因爲靠近安平港。

B：這個地點位置其實以前是海，也因爲這裡是個港，所以荷蘭人在這邊蓋了熱蘭遮城，也就是現在的安平古堡，然後在海的另外一頭就蓋了赤崁樓就是當時的普羅民遮城，荷蘭人每天都會進進出出，這裡是他們停船的地方跟他們的航道，所以既然是荷蘭人以前進進出出的地方，那就想說用這個當做民宿的主題，所以你看到紅、藍、白，是荷蘭國旗的顏色。但是荷蘭人他們卻喜歡另外一種顏色橘色，那爲什麼他們這麼喜歡橘色呢？因爲他們的國王叫做『King Orange』，很有趣的一個民族，當時也以橘色當作他們的國色，一來紀念他，二來是沾沾他的好運。而且我們的每個房間也有他的主題跟故事。

A：這裡也有點像那種國際青年旅社，有可以坐下來聊天放鬆的地方，青年旅社的意思就是說在這邊的住客、背包客白天出去玩，晚上入夜以後就回來了，大家可以聚在一起，這就是青年旅社最大的特色。臺灣很可惜，當年在推的時候沒有推得很成功。

B：像我們這邊夜間會切換模式變成Pub。臺南是個很有意思的地方，這個都市有他的古老故事內容存在著，你怎麼樣從你的空間去讓大家感受到，是很重要的課題。

A：再來我想問第三點人員的薪資跟獎勵制度。

B：其實我們的員工薪資都給蠻高的，獎勵制度我們從源頭開始，也就是業績，平臺方面接一間多少、自媒體行銷的大概就是平臺的五倍，因為我們就不用被平臺抽掉利潤，然後再來是打掃的獎金。所以他們現在主要的工作職稱就是管家跟業務還有接待，所以就是全權給他們去與顧客聯繫及溝通。像總管家就是看他能不能集權於一身，這樣就是抽我們利潤的百分比。大家都覺得說民宿就是自家多餘的空間拿出來賣賺點錢，可是卻沒有想到有那麼多事情需要做，其實一個飯店那麼大，裡面請了多少人，這些事情民宿也必需都兼具，但是飯店有各個部門來分擔這些工作，民宿卻沒有，所以民宿現在不得不規模化，要不然品質做不好。

A：所以依你的想法把它規模化以後，那將來在管理上要怎麼與旅館做區別？從法規方面要如何去遵守？

B：經營民宿的每個人必須自己去創造屬於自己的故事，然後從這邊再去發展新的業務，那其實法規裡有個特色民宿，房間數可以來到15間，經過評鑑後方可合法存在。

A：再來現在你們在經營上的困難大致上是哪一方面？除了營收、利潤不夠大、經濟規模小。還有訂房系統順暢嗎？接待客人的過程會有什麼困擾？

B：就從訂房系統來講，其他訂房系統都還好，唯獨Agoda，因拿不到客人的電話，所以民宿就會碰到一個困擾，民宿不可能24小時去等一個不曉得什麼時候到的客人，且因為要與其他平臺競爭，會一直調低原先該有的房價，這是我們比較困擾的地方。再來就是同業的同質性太高，所以重要的就是做自己擅長的特色。

A：最後一個問題就是民宿管理辦法你覺得有哪些法條不合時宜，有哪些是未來有機會修法時需要調整的地方？

B：第一個就是從房間的數量上要作調整，才能符合實際上經營的需求，另外就是因臺灣把民宿定為副業，副業的話在經營上就會有些不自由，所以就沒辦法規模化，所以不應該把民宿定為副業。再來就是現在所劃定的區域其實很難去訂定，意思就是假如只是隔著馬路面對面，另一邊就不符合法規規範條件，所以應當全面開放。還有就是臺灣的旅宿業法規太簡單了，應再增加一個微型旅宿介於民宿跟一般旅館之間，因都位於巷子內，所以微型旅宿的消防要要求，但是可以不用像旅館一樣那麼嚴格。

艸祭客棧

A：目前我們有這個櫃臺跟房務的部分，這兩種。

B：主要是這樣啦，一般民宿其實因爲我們是比較不一樣啦，因爲我們算是有把櫃檯跟房務分出來，但是如果你一般民宿他還是侷限在房間數的問題。

A：所以我們現在房間有幾間呢？

B：因爲我們這是三間民宿合在一起，所以說我們的量體比較大，所以說我們是比較屬於飯店旅館之間，因爲我們櫃檯有櫃檯編制，房務有房務編制，但是如果你要以一般民宿來說，他可能都是會管家然後他也要兼房務。

A：對對對，所以我們規模有到達三家人力上比較好經營，啊第二個問題是說我們現在如果請到人有教育訓練嗎？

B：教育訓練其實都有，都是用老的帶新的，不然你如果是一般量體沒有這麼大的，這當然也是說有需要公部門和市政府協定開一些相關課程，因爲原本我今年也在想一件事情就是說是不是可以結合學校，其實現在我們也知道說其實現在大學生她畢業，有時候他眞的不是沒辦法直接跟業者端他們的一些銜接，啊所以說他們比較多的資訊可能都是從旅館飯店去，但是實際上說眞的民宿這個產業來說或許他們學到的可能會比較多。

A：比較全面是吧，比較全面性。

B：因爲你旅館飯店他就分得很細，就比如說像我們這樣，啊當然我們這樣是我們的櫃臺，啊他還是需要去做一些房務的工作，算支援這樣，所以說其實年輕人來說當然說這未必是他未來的想法啦，他如果自己要創業當然他不太有可能自己去開一間飯店，啊當然他如果自己有興趣想要去開一間民宿，那個門檻就比較低，當然他如果有具備這方面特質跟能力，當然他對於這個產業他自身也比較有幫助。

A：完全講到重點，第三個問題是我們現在我們的薪資有甚麼獎勵嗎？

B：薪資說實在的一目前來說啦當然民宿這個產業我剛才也有提到嘛因爲他可能就是很尷尬的第一個就是說他有房間數的限制，他的量體不可能說很大，那你說現在像我們前陣子也剛在討論這個問題，你看一般一個人員啦23100加上他6趴的跟他的健保費用可能大概至少至少28000以上才可以養一個員工。

A：對對對

B：那你想你這樣起來，我們28000，一間請一個，你也知道現在的當然說我們不是說現在的年輕人不好，算是說我們現在我們這一輩來比較說實在工作能力也沒有我們這一輩這麼強，啊你看一個他也待不久，他就沒有伴，啊每天面對的就是面對老闆，說實在流動率算是蠻高的，啊你說你要請2個，5.6萬塊錢的人事成本蠻高的，所以說民宿這還是現在在於人力。

A：人力沒有辦法請到這麼足啦！

B：所以說這也是相對的啦，這請人當中還是有一些問題在，包含就是像你現在依我們的經營，就是你一個的能力，大概他的負擔大概就是4.5個房間，啊4.5個房間你看他現在一間合法的民宿他現在規定就是5間房間，啊所以你如果說我們5間房間，你就很尷尬啊！

A：喔喔這個問題了解，啊這樣你如果一般請一個人啊薪水又沒辦法太多的時候我們有獎勵制度。

B：獎勵制度這個當然就是現實問題啦，因爲就是說當然我自己啦，我自己以前有比較小規模的民宿的時候，我就是有時候的業績啦，業績他有達到那個業績有上去那時候我就說多1萬就讓他抽1千，就讓他自己去拼啦！

A：算說比較有影響力啦，好，第四個問題就是說我們現在經營遇到比較困難的地方？

B：困難的地方就是我剛剛有說他的量體並沒辦法去支撐我們完全去請人來做，因爲畢竟說民宿畢竟他在中央政府他的法令規範它還是以副業經營，啊副業經營他還是有他的限制啦，啊就是說今天其實你如果要請人，就像我說的其實你1個人2.3萬塊，啊今天你5間房間你要怎麼去成本再加上我們的一些開銷，甚至有些是租，對不對，這樣零零總總加一加你一個月最少5.6萬的開銷跑不掉，你看你請一個人，啊5.6萬塊你看5間房間。

A：所以張老闆就是說你說的這些問題牽連到我們第5個問題，你覺得我們政府現在這個民宿管理辦法要怎麼做修改，比如說量體放大一點？

B：其實量體他現在目前有開放到可以申請到8間，但是8間他還是卡在建築法規的問題。

A：建築法規嘛！

B：他還是一樣就是你H2他需要變更他的，那他的又有很多的限制，像樓梯寬度啦各方面，其實你都要符合他的需求，但是這個我沒辦法，因爲你依臺南這個城市來說，他確實就是對而且又是以老房子改建的其實更困難，當然這個問題說一些坦白的他也是這卡那那卡這啊！

A：那除了房間數以外你覺得法令還有其他你覺得政府可以修改的？

B：這個部分就是說你如果針對法令的問題依目前大家遇到的比較密切的啦最直接的可能就是我剛提到房間數的問題，不然你說經營面他其實跟法令沒有甚麼關係，啊當然現在你說怎麼樣去開放，現在依我的見解是說當然現在中央他已經把這權力給地方政府了，啊就看你地方政府自己有沒有那個魄力跟有沒有那個觀念去把他給動起來，像現在目前市區開始有合法民宿的慢慢你看臺南現在也有嘛，高雄你看現在也有，啊桃園她們也都開放，啊現在可能就是新竹是他們有來臺南做，啊新竹是他當然一個城隍廟他也有300年以上的歷史，啊所以說他新竹市裡面沒有合法民宿他其實就是很矛盾的一件事情，所以這個東西就是說你不？目前他中央他確實說把這個權力這個責任轉到讓你地方政府去決定，啊所以說我們說眞的你地方這你確實有在努力這一塊我們就自己努力啦！

A：那目前我們臺南地方政府對我們業者有甚麼干擾？

B：其實沒有啦算是臺南市政府我是覺得蠻支持民宿這個產業，啊我們也算走的最快的。

A：對，我們臺南市算是我們臺灣走的最快的。

B：對啊所以你說法令的問題就是我說房間數的問題，你變6間以上你要怎麼去突破H1.2的框架，還是你有想要了解哪一方面的資訊你可以直接問我沒關係。

A：最主要目前來說依我們做學術的研究裡面就是說法令啦或是業者在請人方面，學校是不是能夠配合？

B：其實我們之前依我們協會來說其實也有跟遠東科大跟中華醫事科技大學、嘉南藥理科技大學其實都有配合過，但是配合當中都還是都是屬於那種他是在學過程當中，那種類似像暑期的啦或者是他半年加半年。

A：會斷層而造成我們經營上的困難。

B：我是感覺就是說斷層他當然也有像遠東科大那種半年加半年的他確實有是有在思考就是說他畢業之後可以銜接，但是我覺得比較大的問題是在於說可能就是說這些年輕人他們還沒有那種觀念就是說他已經算是在就業的這個銜接點上面了，他還是心態覺得他還是個學生，所以說他的權利跟義務我們一般比較像業者比較要求這段時間這些孩子，相對這個問題就是說越來越多這樣的摩擦跟矛盾產生之後，那當然又好像是學校端跟業者端又慢慢的，所以說那時候我想說我原本是在這些學生他可能在畢業之後是不是由公部門他可以去這種類似像這種這些孩子有興趣的他可以透過公部門跟這，我們就知道說怎麼樣去讓這些畢業的學生他能了解就是說可能重點跟你的工作啊跟你的一些本質學能怎麼在他畢業的時候讓他有一個2、3個月學習的課程，啊當然你業者端他就能來取才，這樣變成他就是選到這個等於可以接著做跟之前的學校的感覺就比較不一樣，因爲畢竟就是我們說眞的有很多我們還是要給學校，因爲畢竟有時候學生就是學生。

A：好，因爲沒關係，我們知道你有事情，啊我如果後續有問題再請教您。

慢步。南國

A：張老闆你好有五個問題就是要問張老闆的就是說民宿法規如果政府要修訂的話。到時候也有哪些方面齁就是說也麻煩你告訴我，如果說有機會。

第一個就是說，我是一直覺得說，這個用副業經營的模式不太對，因爲我多年來研究國際青年旅舍齁，我的博士論文是寫國際青年旅舍。

啊國際青年旅舍，他只有民宿還有一些沒什麼相關。

B：這需要很專業的，這要做可以做到很大，副業就做不起來。

A：副業沒辦法，那，目前臺南這間我現在是第五間。

B：你之前去採訪哪幾間？

A：就荷蘭洋行啊還有還有那個東寧文旅………………，啊你有認識嗎？

B：都有認識啊，都協會的啊！

A：都在臺南這邊，應該都有認識，所以本來就比較早，他們都有在觀光，所以他們就比較了解，現在又自己在做之後，他們應該他們的問題反應比較直接啦。

B：比較有管道啦。

A：對啦比較有管道，我就想說這次教育部這個規劃，比較有意思說要把這個民宿，就90年通過法規嘛到現在也要20年了，所以想說要更新一下了，還有想說要更新的東西還有了解經營管理的問題，看我們現在業者有面對什麼困難，啊我是負責人力資源的部分，人力資源就是說包括員工的招募、教育訓練。

B：我這樣會太吵嗎？

A：不會啦，沒關係啦！

C：那個晚點再用就好沒關係，你們先聊。

A：那你也有給他們洗衣的嗎？

B：沒有啦，我們就自己用自己洗。

A：客衣沒有包括在內嗎？

B：客人的在樓上。

A：喔啊民宿像你…這也第一遍耶！

B：不會啦，現在很多啦！

A：像你自己用，床單布巾，布巾都自己用這樣也比較好齁。

B：比較省。

A：比較省。

B：也沒有很複雜，你每天自己用也沒有很髒。

A：而且這樣也比較衛生。

B：客人又會覺得我們有現場的。

A：就給他們客人去看，這樣對，像現在飯店也一樣，你像墾丁那些飯店，他那洗衣服的量沒有很大，你如果要自己成立洗衣部有沒有，那要很多錢，還包括要廢水處理啊！

B：他們現在也都送去外面洗。

A：所以現在都送來高雄給洗衣公司洗，啊我們這個自己操作我覺得不錯。

B：就是規模沒有這麼大，他那個量不大有時候價錢也不便宜。

A：是啦，所以目前我們有幾間，張老闆？

B：我有8棟，有的只有合作的，有的只有股東，啊我自己經營6棟。

A：啊都在臺南市嗎？

B：市區啊！

A：都在市區喔，這樣你相當辛苦也相當有經驗耶，6棟。

B：我做8年多。

A：8、9年了。

B：大概有一點看到過程。

A：8、9年就。

B：轉變蠻多的。

A：轉變蠻多的，因為我們民宿管理辦法90年11月25到現在，所以說起來也才18年多而已。

B：就從還沒合法開始做，做到現在開始合法。

A：啊你原本就臺南人嗎？

B：我臺南人。

A：臺南市喔？

B：我在那邊。

A：喔喔喔！

B：我舊家也在七股再下來，土城………

A：一樣啦，我七股嘛，剛剛晉民跟晉安都叫我叔叔啦，我們是六禾家啦，祖厝六禾家，中洲嘛，大家都在那邊，那以前也是從金門來的啊，所以臺南這邊都有一些淵源。

B：其實市區很多都從那邊來的。

A：對對對。

B：問一問，其實市區很多都搬去北部，以前啦！

A：因為我在高餐開始沒多久我就去了，所以說都走飯店管理比較多，本身我在高雄市是旅館工會的顧問，從以前第一任的理事長，所以有接觸一些接待的問題，這次教育部才說有這個機會來了解，我是就人力資源部分的問題啦，可能別的老師有負責比如說設計啦招廣啦那些，都有啦，我們都有分配，啊人力資源就是說我們民宿的從業人員像管家啊會不會很難請，流動率會不會很高？

B：不會啦！

A：看這個乖乖的，做很久了？

B：也沒有做很久揑，還好啦應該是，怡靜你會覺得很難請嗎管家？不會啦！

A：不會啦！

B：他還蠻喜歡這個工作·

A：啊你以前是來？

C：因爲我們在旅館業，像再上去就是旅館嘛，民宿再上去就旅館嘛，啊旅館常常會碰到這種流動率大啊，啊我自己教的很多學生都在旅館啊，她們就待個3年2年就不想做了。

D：我覺得管家還好耶！

C：民宿還好。

D：因爲跟客人的互動跟旅館是完全不一樣的。

A：當然啊所以？

D：一個很制式，一個是一個像是做民宿的話跟客人會很貼近。

A：對！

B：客人都會一直騷擾她。

D：我都會跟客人聊天啊，東聊西聊啊。

A：這樣很好耶!

B：一個香港客人要走之前看到他還……

D：我覺得民宿跟旅館是落差比較大的。

A：喔當然啊！

D：跟客人的親密度會有落差。

A：喔那你很好，你有抓到那個民宿的特質啦，所以當時也是走那個來的嗎？人家介紹的，朋友介紹的，還是？

D：我先從房務做的。

A：從房務，喔～OK，所以也有作過房務齁，像現在年輕人齁，他們有很多都是比較有道德理想啦，啊事實上如果要做這些比較基層的齁，像怡靜這樣子比較少，所以流動率就會比較大，民宿的規模就不夠大，你就要想辦法就是說，我經過這幾間的訪問齁，就是說你如果規模越大越好做啦，簡單講就是這樣，我現在請教張老闆就是說，我們民宿到時候要重新revise這個法規要新修訂啦齁，你覺得這個房間數應該不夠啦齁，8間應該會不夠啦齁，沒辦法達到我們金額上獲利率的規模對不對，那差不多要幾間你看比較剛好？

B：房間數應該要20左右。

A：20左右。

B：旅館都要30間以上。

A：嘿對對對，小型旅館差不多要30間這樣，啊這差不多20間嘛齁。

A：是啊，啊其實15跟20差不多啦，意思差不多啦，人力嘛成本都跑不掉，所以獲利率可能就是差不多在那邊那幾間而已嘛！

B：你要到一個量才會賺錢啊！

A：對。

B：不然現在這麼競爭，成本這麼高，現在還有那種訂房率，所以利潤沒有這麼好。

A：這樣齁，接下來就是說在法規上面修訂有2個嘛，一個就是

B：他這個有一定要用合法民宿的名字

A：沒有啊我們這個

B：因爲我們有幾間合法，有幾間不合法。

A：沒關係那都沒關係，我們這都只是對內的一些學術上的研究而已，跟外面沒有關係。

B：喔喔如果有我可以用別間的名字。

A：沒關係沒關係，我們沒有啦我們只是訪談紀錄，所以說兩個重要問題是經理人要改爲專業經營嘛，再來就是房間數要擴充到差不多20間左右，比較符合業者經營的一個利潤規模，這是第二個，再來請教就是說我們現在雇用的人力除了管家還有房務，做兩邊嘛齁，這兩邊的話你應徵進來的管家都是都透過人力銀行還是？

B：人力銀行還有人介紹的。

A：人力銀行還有人介紹的，那你有想說要和附近的大專院校實習合作？

B：實習喔，我有那種像是暑假來的那種學生啦，那陣子我是覺得說，你也沒辦法教他很多。

A：對，所以這個就牽扯到我們第二個問題就是說你進來以後要怎麼教育訓練他。

B：對啊啊有的就是來了後暑假後就走了這樣。

A：所以說我有一個建議啦，就是說現在我們學校方面我們是都有一年的跟業界合作，就是說送去業界，我們都以我們學校來說一年，啊其實臺南這附近也有大學院校，他們也都是有一年的實習經驗，都要一年，啊這一年是從3個月6個月慢慢擴充到一年，因爲這觀光科系的大學齁，我們學校算是這個領頭羊嘛，所以我們那時候一開始也是3個月，啊業界都嫌棄說我都剛教會就要回去了。

B：啊暑假都2個月。

A：對2個月，所以現在都延到一年，現在基本上都一年，所以說我是建議說可以用這個管道來跟學校成立一個建教合作的模式，這樣你可能在人力上比較有一個源源不斷的來源啦，不然你如果說人力turn over很嚴重的話，你會常常經營者也很辛苦，你教到要會又要走了。

B：所以我們後來就暑假就學生我們就沒有甚麼教了。

A：啊像這個他們進來你都自己帶還是怎樣教育訓練，還是說？

B：現在目前就是管家的職責帶她這樣。

A：所以都用師徒制就對了。

B：都交流啦，因爲其實說這個行業很多東西都還是要互相學習，接觸客人還是處理一些問題，討論啊！

A：所以說算是大家都互相研究互相，A店B店3店她們自己互相。

B：每一棟都要會啊！

A：都要會齁。

B：管家就是負責接訂單跟接待客人。

A：接訂單跟接待客人。

B：啊大部分就是另外。

A：OK，那接訂單就是牽扯到第三個問題就是獎勵制度，他們有獎勵啊接訂單？

B：有啊我是看營業額。

A：整個營業額齁。

B：發獎金。

A：發獎金這樣喔，用這樣的模式啦齁，因為像別間有的是說啊那個我給AGODA多少，啊我們員工幾倍這樣。

A：對啊就他們自己接到的訂單啊他們自己接的，這樣你比較不會累啊，你可以交給比如說怡靜啊，他如果說剛好有去接到客戶或是說，因為他打來經過。

B：沒有啦啊打來也是。

A：啊我們現在是平臺像是 AGODA。

B：都這個比較多。

A：都這個比較多嘛齁，啊你覺得哪一間比較好，你比較滿意？

B：現在目前最好的就是BOOKING啊！

A：喔喔BOOKING最好喔！

B：他的他的業績啦！

A：喔業績最好喔！

B：AIRBNA也不錯！

A：AIRBNA也不錯！

B：啊也沒有很多啦，因為那小平臺或多或少。

A：EXPEDIA可以嘗試看看，我個人在用喔，他叫做自由網，那我以前在美國常常用，他的總部在西雅圖，我也有去參觀，他比較國際化，就是說外國人來這的時候也會訂。

B：有啊那也都有，但是他在臺灣在臺南BOOKING的效果還是比較好啦！

A：對對對所以BOOKING在臺南的效果還是比較好啦。

B：大部分在這都用BOOKING，飯店好像都用AGODA。

A：飯店都用AGODA對啦，AGODA的反應好像沒有說很好餒，AGODA他平臺看起來反應沒有這麼好，所以基本上我們的客人的來源大部分還是經過這一些所謂的旅館的網路平臺這樣。

B：或者是我們。

A：散客多嗎散客自己來的應該不多齁。

B：也有啦我們大概也有快一半。

A：快一半喔。

B：因爲我們早期做的，啊所以網路還有一些蒐尋的到一些有的人看到一些報章媒體啦！

A：做久應該品牌。

B：有一些回流客嘛！

A：我們現在房價差不多多少啊房價？

B：看類型，你如果房間4個人1500，兩人房1500-2200差不多。

A：2人房嘛，啊如果家庭房呢？

B：我們有包棟的棟，差不多4-5000。

A：喔喔4-5000包棟喔！

B：4個人啊，看類型看條件。

A：喔喔4個人喔，啊所以現在員工的薪資都有穩定啦齁。

B：有啊有啊，不錯啊請這一批都不錯。

A：請這一批都不錯喔，對啊你如果請到好的人我們老闆就比較輕鬆啊，像我以前，以前我太太說要開義大利餐廳，我也開一間給他顧，喔在新竹也開的很風光。

B：是喔！

A：對啊開到客人也很好，園區很多人，啊因爲我也有資源啊，我就叫漢來的主廚給我介紹他們的師傅，啊我們的學生就去學這樣，啊義大利麵齁你如果都自己紅醬青醬都自己調，都跟外面買的不一樣，外面賣得都用OEM，那不好吃，啊我們自己用的用到。

B：新竹的市場都很不錯。

A：很好啊，像我義大利麵都賣到380，加一成的小費都400多。

B：啊園區都沒差啊！

A：對啊都沒差啊，他們就假日只要吃東西，就休閒這樣，所以新竹像餐旅業啊！

C：可是新竹好像還沒有民宿齁。

B：沒有啦沒辦法啦！

A：他們沒辦法啦齁。

B：不好做啦！

A：因爲他們有我看他們有一些日租套房啦齁，都被市政府強制要收起來。

B：所以他們主要他們還沒合法，現在市場有這麼好嗎？

A：新竹市價不錯耶，因爲他們那邊有古蹟像我們臺南啊，我在那邊住30年我知道，因爲他有一些像是城隍廟啊老街啊很多餒！

B：我想說我們可能要去到那個內灣啊！

A：喔沒有沒有，內灣那是沒辦法住在那邊，那都只是去。

B：那都沒辦法住宿啊哪大概都是。

A：對啊那都是在山區啊，在山區大家要住晚上又沒有活動，山區只有一個聚落啊，內灣只有一個聚落又不像什麼大城市，所以他勢必新竹去做火車嘛，因爲到內灣晚上就要回來，下午就要回來了，所以說還是要住在新竹比較比較有可以，所以新竹他演變成很多日租套房，啊所以市政府我知道給他們是一個最後通牒，到去年不知道幾月就要叫他們收掉了，所以這如果照合法來說的話有沒有，以後如果你就經營的市場來說我覺得新竹也可以考慮。

B：有啦民宿有合法的話。

A：對，可以考慮。

B：他都商務客比較多。

A：對啊啊你還在新竹住過，地緣關係你比較熟。

B：要看是政府的態度啦！

A：對啦這就是之前是政府我們臺南就有駿安那時候在做觀光局長她比較瞭解啦，在來就是，現在你經營這樣10幾年來所遭遇到比較大的困難是甚麼？

B：什麼時間就有甚麼問題啦，其實都有的啦！

A：就人力或者是說行銷有碰到困難嗎？還有業績不好的時候？

B：其實我們業績都還算是不錯。

A：都不錯喔！

B：唯一比較大的一次災難是登革熱。

A：喔登革熱！

B：那個搞很久啊！

A：登革熱那是大家都不好啊！

B：啊來其他就是地震那一陣子，那短期的。

A：喔地震，喔你是說2月6號那次大地震那次喔！

B：對對對，其他是還好，你就一直調整啊，因爲你以前的行銷模式跟現在的方式越來越不一樣，像現在已經從私底下跟你訂，變成臉書，再來變成小平臺廣告，現在都變成OTA，所以你就要去適應那個變化啊！

A：對啊！

B：啊OTA之後下一步可能就是YOUTUBER啊不一定啦！

A：對啊啊你有在園區做過應該從電腦電商行銷來講該會比較

B：啊就只能夠適應，沒甚麼好壞啦，現在消費者就是平臺看資訊，所以他不像以前經營一些網誌啊，經營一些FACEBOOK，所以以前要自己去做一個類似媒體人。

A：對啊！

B：啊人會因爲看到你這個PO這間旅店啊，啊現在沒有了啊，現在都從訂房網站，訂房網站你看到的都是很冰冷的資訊，房間多大漂不漂亮地點在哪裡錢多少，所以最後都變成在比價，啊你現在量也多啊，所以現在一個循環啊，惡性循環。

A：競爭啦，所以目前來講經營上還可以吧簡單來講就是說獲利率還可以？

B：不錯啊！

A：因爲也只有要不錯才有辦法經營下去，啊不然你就會慢慢受到一些，臺南算是民宿業的一個領導城市啦我覺得。

B：現在好像宜蘭跟臺南。

A：對對現在目前就是以前是早期是那個就是像清境啦！

B：墾丁啦！

A：墾丁啦！

B：臺東花蓮。

A：知本啦，這幾個旅遊地區啦比較旺，啊慢慢隨著合法越來越整頓齁，現在就有一些不好的就被擠掉了，慢慢的就越來越好，所以我們現在也希望能夠下次如果有機會，我們會從一個說從法規那邊來修訂齁比較符合現在業著的需求，我是覺得大家普遍都有兩個問題，第一個就是要改爲專業經營，第二個就是房間數要擴大到15-20間，這個是兩個共同業界的問題啦，啊所以既然大家都有這個問題，就表示說這個問題是值得我們去把他做修訂的。

B：啊不然其實那都是參考的而已。

A：對啊都參考而已。

B：還有一個問題是，主人一定要住在那邊。

A：對啊！

B：這也很奇怪啊，戶籍還要遷過去，其實沒有很大的影響。

A：對啊，啊你既然要副業經營，啊戶籍又要遷進去，這就矛盾了，所以這應該是。

B：沒有，他的想像是你一定要主人住在那邊，順便過生活順便經營，啊這個現在消費者也沒有很喜歡，啊你自己有小孩有家庭你也不想要都混在一起。

A：沒有錯沒有錯。

B：這個就很奇怪啊！

A：他現在法令齁在設的時候我知道，民國90年齁其實比較倉促，比較倉促的立法啦，啊所以就，那時候就是說先立法下去，再看業界有甚麼樣的問題，所以難免都有一些討論啊或者是……

B：一過就是20年，很快。

A：20年了耶！

B：不然很好玩。

A：是啊！

B：然後她都市區不能經營啊！

A：都市區不能經營。

B：這個可能有很多人有意見。

A：喔都市區應該要開放啦齁。

B：啊不然也沒辦法啊，永遠不能解套。

A：對！

B：新竹臺中高雄都不行。

A：都不行啦，因爲主要是都會區啦，都會區他現在就是說劃歸給旅館，所以說我們要怎麼要去突破齁跟旅館業之間的一些衝突，要政府要出來調整。

B：這很難。

A：這就是計程車跟UBER一樣的意思，對不對，所以我們希望說政府加快能夠在這個部分對業者做一些修訂。

B：好。

A：非常謝謝齁我們張老闆百忙之中接受我們的打擾。

B：不會啦你如果有像不知道。

A：對啊如果我後續資料整理上面如果有甚麼，實際上業者再經營的面齁，我們畢竟有一些都是理論上而已啦實際上業者在經營的面道時候我們同仁她是我的學生啦會再打電話來請教齁好不好，然後你如果有空也可以到學校來啦，在小港，我們學校在小港而已。

B：很有名啊！

A：對對對，啊那個我這裡有手機，有手機在上面，你如果有甚麼問題需要我們學術界來幫你協助，你也不用客氣，今天來，第一個除了說對你的訪問，第二個當然是希望能夠建立產學之間有一個的管道。

B：有需要的話，跟那個官方的教育的一個媒介溝通來啦，不然其實是不食人間煙火。

A：啊業界去講齁他也覺得不太容易接受，啊要學界去發起齁，有時候比較好一點，好張老闆感謝你抽空浪費你寶貴的時間。

參考文獻

104人力銀行（2021）。樹也Villa。民110年1月17日。取自：104人力銀行，公司介紹
https://www.104.com.tw/company/cc0m6i0

104人力銀行（無）。play hotel_禹亦民宿。民109年1月19日。取自：104人力銀行，公司介紹
https://www.104.com.tw/company/1a2x6biof6?jobsource=checkc

1111人力銀行（2020）。薰衣草森林股份有限公司。民109年12月18日。取自：1111人力銀行，公司簡介
https://www.1111.com.tw/corp/9723514/#!

1111人力銀行（無）。新生旅館｜工作徵才簡介｜1111人力銀行。民110年7月2日。取自：1111人力銀行，福利制度
https://www.1111.com.tw/corp/69419066/

Alice（2018）。BTO是什麼？自地自建8個專業解答！。民109年1月18日。取自：全球室內設計與居家佈置社群，室內設計
https://decomyplace.com/n.php?id=6260

Alvin（2009）。《旅遊》黃金瀑布。民109年12月18日。取自：隨意窩，Alvin與Yun的玩樂新視野
https://blog.xuite.net/alvinleif/twblog

Dannis & Amy魯蛋妹和大腸弟（2019）。《宜蘭頭城民宿》來去明星王仁甫開的PLAY HOTEL 住一晚。無敵海景可遠眺龜山島。夢幻下午茶、餐廳美食情侶夫妻最愛｜（影片）。民109年1月18日。取自：Dannis & Amy魯蛋妹和大腸弟，愛食記
https://amy77.com/blog/post/play-hotel

ELVA（2017）。【宜蘭住宿】PLAY Hotel～到明星家裡來作客～離海最近的網美系民宿！每個房型角落都好好拍～IG打卡超級好素材！。民109年1月18日。取自：Via's旅行札記—旅遊美食部落格，東臺灣
https://viatravel.tw/3037/

Ian Liu（2019）。琥珀色光影照耀瑞芳水湳洞「點亮十三層遺址」！臺電攜手國際照明大師周鍊、藝術家何采柔共譜詩意月光。民109年12月18日。取自：LaVie，創意城市
https://www.wowlavie.com/Article/AE1901150

m66561（2018）。（新北瑞芳）金瓜石訪祕境 舊水圳道岩壁 金瓜石三層橋。民109年12月16日。取自：痞客邦，Ming玩樂去
https://reurl.cc/q87Oyn

PLAY Hotel（2015）。徵才。民109年1月19日。取自：PLAY Hotel官方Facebook，貼文

https://www.facebook.com/playhotel01/posts/813248758772683/
PLAY Hotel（2019）。工作機會。民109年1月19日。取自：PLAY Hotel官方Facebook，貼文
https://www.facebook.com/playhotel01/posts/2047134795384067
Play Hotel（無）。Play Hotel官方網站。民109年1月18日。取自：Play Hotel，簡介
http://www.playhotel.com.tw/
Shares（2019）。【宜蘭】睽違4年！五峰旗瀑布最上層登山步道9月1日正式開放，體驗宜蘭最美的人間仙境正是時候！。民109年1月19日。取自：好想去喔，宜蘭
https://www.lookit.tw/travel/26639?fbclid=IwAR2DbzJ4LT1INiU0i3Cj7wngZzoeyDcajQt2hD-tIKZ0_VrEsEI0DlDXA8
Shares（2019）。【宜蘭】隱藏版燈海在這裡！星空下盪鞦韆，螢火蟲圍繞超浪漫，夢幻傘閃造景、DIY手作體驗，森林系少女拍起來。民109年1月19日。取自：好想去喔，宜蘭
https://www.lookit.tw/travel/28703?fbclid=IwAR3wSw4sVcnincjXTfJzpXdcXVq2jY9ccCCeDa01Yxbv5OKuK_ueEh_xnj0
smilejean（2020）。季芹王仁甫海景民宿｜宜蘭頭城鎮住宿推薦｜頭城下午茶｜游泳池民宿。民109年1月18日。取自：紫色微笑~Ben & Jean，休閒旅遊
http://bjsmile.tw/blog/post/47016452
THE ADAGIO（2020）。緩慢金瓜石。民109年12月3日。緩慢，緩慢金瓜石
https://www.theadagio.com.tw/zh-tw/space/more?sid=1
Tony（2016）。〔新北市瑞芳〕‧九份‧金瓜石‧山尖古道。民109年12月16日。取自：Tony的自然人文旅記
http://www.tonyhuang39.com/tony/tony1185.html
TravelKing（2021）。祀典大天后宮（明寧靖王府邸）。民110年6月30日。取自：TravelKing，旅遊導覽
https://www.travelking.com.tw/tourguide/scenery634.html
TravelKing（2021）。藍晒圖文創園區。民110年6月30日。取自：TravelKing，旅遊導覽
https://www.travelking.com.tw/tourguide/scenery105321.html
九份老街旅遊網（2020）。金瓜石親子民宿｜三間大人小孩愛不釋手的民宿《玫瑰山城、緩慢金瓜石、金瓜石101》。民109年12月14日。取自：九份老街旅遊網，旅遊情報旅館住宿
https://reurl.cc/r8e3pr
三義木雕博物館（2019）。三義木雕博物館。民110年1月17日。取自：三義木雕博物館，本館介紹
https://wood.mlc.gov.tw/content/index.aspx?Parser=1,4,23

久億機構（2020）。★★久檯開發、久億營造臺灣職安卡教育訓練成功★★。民110年1月17日。取自：久億機構官方Facebook，久檯開發
https://www.facebook.com/chiui2020/posts/2228285423974339
久檯開發（無）。經營理念。民110年1月17日。取自：久檯開發，關於久檯
https://www.chiu-i.com.tw/about01.php?MT_id=site2018032212415165
小豬騎鯨魚（2014）。2014獨享王仁甫與季芹專屬服務的民宿體驗－宜蘭頭城「PLAY HOTEL」。民109年1月19日。取自：痞客邦，休閒旅遊
https://reurl.cc/Aggk2Y
中華民國內政部（2021）。臺南延平郡王祠。民110年6月28日。取自：宗教百景，臺南延平郡王祠
https://www.taiwangods.com/html/landscape/1_0011.aspx?i=75
中華民國交通部觀光局（無）。龍騰斷橋。民110年1月17日。取自：Taiwan The Heart Of Asia，景點
https://www.taiwan.net.tw/m1.aspx?sno=0001110&id=c100_342
中華民國交通部觀光局（無）。龜山島。民109年1月19日。取自：Taiwan The Heart Of Asia，景點
https://www.taiwan.net.tw/m1.aspx?sNo=0001106&id=C100_164
世新大學產合處（2019）。109年薰衣草森林校外實習資訊。民109年12月18日。取自：世新大學實習資源網，最新消息
https://reurl.cc/Gr8WQA
臺中廣播FM100.7（2018）。【107/03/29】久檯開發董事長陳梓旺。民110年1月16日。取自：臺中廣播股份有限公司，節目表
https://www.fm1007lucky.com/tw/program/show2.aspx?num=1109
民109年1月19日。取自：寶寶溫旅行親子生活，臺灣趴趴走
https://bobowin.blog/yilan-lym/
米客（2011）。陰陽海@米客相機日記。民109年12月18日。取自：隨意窩，米客相機日記
https://blog.xuite.net/mejun0322/index/49042378
艾方妮（2020）。宜蘭礁溪｜五峰旗瀑布～蘭陽八景之一 順遊聖母朝聖地 抹茶山前哨站。民109年1月19日。取自：ifunny艾方妮の遊樂場，一日遊
https://ifunny.blog/jiaoxi-waterfall/
吳孟瑤（2018）。企業典範／薰衣草森林：重視夥伴關係，開解憂雜貨店聽心事。民109年12月19日。取自：康健雜誌，看文章
https://www.commonhealth.com.tw/article/article.action?nid=77740
我是貳愣子～Ryan（2016）。★苗栗縣三義鄉★木雕工藝，精彩呈

現～三義木雕博物館。民110年1月17日。取自：二愣子說三道四，臺灣中部景點
https://blog.xuite.net/twosay34/blog/480654779
宜蘭縣立蘭陽博物館（無）。蘭陽博物館官方網站。民109年1月19日。取自：宜蘭縣立蘭陽博物館，認識蘭博
https://www.lym.gov.tw/ch/about/mission-logo/
東寧文旅DongNing Atlas Hotel（2018）。【東寧文旅，徵求正職房務人員，意者請於臉書私訊】。民110年7月1日。取自：東寧文旅官方臉書，貼文
https://zhtw.facebook.com/dnahotel1662/posts/1629088427157655?comment_tracking=%7B%22tn%22%3A%22O%22%7D
東寧文旅DongNing Atlas Hotel（2019）。【東寧文旅，徵求正職、兼職櫃檯人員，意者請於臉書私訊】。民110年7月1日。取自：東寧文旅官方臉書，貼文
https://www.facebook.com/dnahotel1662/photos/a.1257259391007229/2476373212429168/?type=3
東寧文旅（2017）。東寧文旅官方網站。民110年6月26日。取自：東寧文旅，關於東寧
https://dnahotel.com.tw/
林夢真（2021）。魚藤坪斷橋（龍騰斷橋）。民110年1月17日。取自：TravelKing，旅遊導覽
https://www.travelking.com.tw/tourguide/scenery1182.html
林靜宜（2010）。敢作夢，薰衣草飛到北海道。民109年12月19日。取自：遠見，產經
https://www.gvm.com.tw/article/48437
林鑴（2017）。與自然共榮的最佳典範！獲世界首獎肯定的樹也Choo-Art Villa。民110年1月16日。取自：臺灣品設計，風格設計/品味空間
http://www.tpc-sd.com/tw/wordtxt.asp?wnum=3841
玩全臺灣（2021）。臺南孔廟。民110年6月27日。取自：玩全臺灣，旅遊
https://okgo.tw/butyview.html?id=1131
芮妮（2018）。臺南藍晒圖文創園區｜新3D立體藍晒圖—微型文創 巨型塗鴉 展現老屋價值！！。民110年6月30日。取自：披著虎皮的貓，臺灣
https://rainieis.tw/2015-12-23-602/
庭妃（2014）。愛沒有假期。民109年12月19日。取自：薰衣草森林，薰衣草森林手記
https://www.lavendercottage.com.tw/epaper/20140409.htm

旅@天下（2014）。旅@天下—30期 封面故事／透過旅行與分享 種下一棵屬於自己的薰衣草。民109年12月18日。取自：欣傳媒，旅遊頻道
https://solomo.xinmedia.com/globaltourismvision/129730
旅遊王編輯組（2021）。三義木雕村。民110年1月17日。取自：TravelKing，旅遊導覽
https://www.travelking.com.tw/tourguide/scenery282.html
國立臺灣文學館（2021）。國立臺灣文學館官方網站。民110年6月30日。取自：國立臺灣文學館，關於文學館
https://www.nmtl.gov.tw/content_217.html
涵的足跡（2013）。新北市—金瓜石緩慢小旅行（下）～緩慢民宿Adagio。民109年12月4日。取自：痞客邦，涵的足跡～走遍天涯
https://minghan118.pixnet.net/blog/post/265208594
許傑（2020）。新北、瑞芳｜水湳洞十三層遺址·點亮移動時光的天空之城（長仁公園）。民109年12月18日。取自：旅行圖中，臺灣
https://journey.tw/remains-of-the-13-levels/
許傑（無）。宜蘭、頭城｜龜山島登島免申請：龜山島賞鯨、繞島、登島一日遊（這裡購票有打折）。民109年1月19日。取自：旅行圖中，臺灣
https://journey.tw/guishan-island/
許瓊文（2011）。王村煌 把幸福落入現實的造夢者。民109年12月19日。取自：Cheers雜誌，人物特寫
https://www.cheers.com.tw/article/article.action?id=5027855&page=2
勞動力發展署（2020）。青年就業旗艦計畫。民109年12月18日。取自：臺灣就業通，青年就業旗艦計畫
https://reurl.cc/N6vVnx
勞動部職業安全衛生署（2019）。甚麼是〔臺灣職安卡〕？。民110年1月17日。取自：勞動部職業安全衛生署，QA
https://oshcard.osha.gov.tw/oscVue/QA
游振偉（2017）。經濟部工業局表揚52家創意生活事業 打造體驗經濟好典範。民109年12月12日。取自：經濟部工業局，新聞發布
https://www.moeaidb.gov.tw/external/ctlr?PRO=news.rwdNewsView&id=23560
華山會客室（2019）。王村煌X王榮文｜感動經濟的關鍵推手——文創經理人｜華山會客室。民109年12月19日。取自：華山1914，聊文創
https://www.huashan1914.com/w/huashan1914/creative_19071521174876612
陽光辛普森（2011）。【遊記】駛入三義·見證百年歷史的勝興車站。民110年1月17日。取自：痞客邦，休閒旅遊

https://wayneview.pixnet.net/blog/post/60241513
黃任膺（2010）。員工不旅行記曠職薰衣草森林多給11天有薪假「真幸福」。民109年12月18日。取自：蘋果新聞網，要聞
https://tw.appledaily.com/headline/20100620/K6OFCJR-WRV24ORICQMBNXHGQJ4/
愛吃鬼芸芸（2020）。緩慢金瓜石，來個山林裡的緩慢小旅行吧：）。民109年12月4日。取自：愛吃鬼芸芸，北縣市住宿
https://aniseblog.tw/219074
愛玩妞（2021）。名字有「龜」的朋友在哪裡？龜山島20週年免費登島啦！4大亮點這樣玩。民109年1月19日。取自：niusnews，愛玩妞
https://www.niusnews.com/=P2ss69s2?fbclid=IwAR3CMuVcUxtRQILxmsXg_h8U20cnTNbjwS5WR5rJarR2P4rcuVRJdEheQoI
新北市立黃金博物館（2016）。四連棟。民109年12月18日。取自：新北市立黃金博物館，主題設施
https://www.gep.ntpc.gov.tw/xmdoc/cont?xsmsid=0G246370374868788211
新北市立黃金博物館（2016）。昇平戲院。民109年12月18日。取自：新北市立黃金博物館，主題設施
https://www.gep.ntpc.gov.tw/xmdoc/cont?xsmsid=0G246371101027433254
新北市政府觀光旅遊局（2016）。本山五坑。民109年12月18日。取自：新北市政府觀光旅遊局，驚艷驗水金九
https://tour.ntpc.gov.tw/zh-tw/Accommodation/Detail?wnd_id=61&id=112913
新北市政府觀光旅遊局（2016）。昇平戲院。民109年12月18日。取自：新北市政府觀光旅遊局，驚艷驗水金九
https://tour.ntpc.gov.tw/zh-tw/attraction/Detail?wnd_id=60&id=110024
新北市政府觀光旅遊局（2016）。黃金瀑布。民109年12月18日。取自：新北市政府觀光旅遊局，驚艷驗水金九
https://tour.ntpc.gov.tw/zh-tw/attraction/Detail?wnd_id=60&id=110626
新北市政府觀光旅遊局（2016）。勸濟堂。民109年12月18日。取自：新北市政府觀光旅遊局，驚艷驗水金九
https://tour.ntpc.gov.tw/zh-tw/attraction/Detail?wnd_id=60&id=109985
跟著董事長去旅行（無）。【臺南景點】赤崁樓。民110年6月27日。取自：跟著董事長去旅行，玩景點
https://www.taiwanviptravel.com/articles/chihkan-tower-fort-provin-

tia/

農業易遊網（無）。宜蘭縣頭城休閒農場（藏酒酒莊）。民109年1月19日。取自：行政院農業委員會，美食
https://ezgo.coa.gov.tw/zh-TW/Front/AgriTheme/Detail/662

臺南市政府文化局（2018）。赤崁樓。民110年6月26日。取自：臺南市政府文化局，古蹟
https://historic.tainan.gov.tw/index.php?option=module&lang=cht&task=pageinfo&id=46&index=3

臺南市政府觀光旅遊局（2021）。延平郡王祠。民110年6月30日。取自：臺南旅遊網，景點
https://www.twtainan.net/zh-tw/attractions/detail/792

臺南市政府觀光旅遊局（2021）。祀典大天后宮（明寧靖王府邸）。民110年6月30日。取自：臺南旅遊網，景點
https://www.twtainan.net/zh-tw/attractions/detail/675

臺南市美術館（2021）。臺南市美術館官方網站。民110年6月30日。取自：臺南市美術館，關於我們
https://www.tnam.museum/about_us/vision_mission

熱血玩臺南（2016）。【臺南景點】臺南親子免費景點！來臺南一定要安排的必逛景點：國立臺灣文學館。民110年6月30日。取自：熱血玩臺南，臺南景點
https://decing.tw/2016-09-23-89/

緩慢民宿 生活是為了旅行（2018）。【旅行的養分，生命的厚度】。民109年12月18日。取自：facebook，貼文
https://www.facebook.com/adagio.travel/posts/1933091766701674/

鄭祥麟，邱世寬，劉金明，林秉毅（2009）。薰衣草森林–品牌手冊的建立。民109年12月18日。取自：臺灣管理個案中心，社會責任與倫理
https://tmcc.cwgv.com.tw/article_content_AR0001176_99.html

樹也ChooArt Villa（2017）。幸福。民110年1月17日。取自：樹也ChooArt Villa官方Facebook，樹也ChooArt Villa
https://www.facebook.com/Chooart.Villa/posts/1584823638250680

樹也Villa（2021）。樹也Villa。民110年1月16日。取自：樹也Villa官方網站，關於我們
http://www.chooart.com.tw/about/

頭城農場（2020）。藏酒酒莊官方網站。民109年1月19日。取自：頭城農場，藏故事
https://www.cjwine.com/page/001

環境資訊中心編輯室（2018）。臺灣碳足跡標籤。民110年1月16日。取自：行政院環境保護署臺灣產品碳足跡資訊網，環境資訊中心
https://e-info.org.tw/node/211962

舊山線鐵道自行車（2018）。沿革簡介。民110年1月17日。取自：舊山線鐵道自行車，關於我們
https://www.oml-railbike.com/_pages/about/index.php#history
薰衣草森林（2020）。誰在森林裡。民109年12月19日。取自：薰衣草森林官網，森林密友
https://www.lavendercottage.com.tw/zhtw/experience#!experience/LightBox/member/1/1
寶寶溫（2019）。宜蘭頭城》蘭陽博物館～美的不像臺灣的網美打卡、親子共遊景點。
蘇明真（2016）。臺灣「天空之城」傳奇 水湳洞十三層遺址。民109年12月18日。取自：大紀元，文化探尋
https://www.epochtimes.com/b5/18/9/26/n10743287.htm
蘭陽資訊網（2010）。五峰旗瀑布。民109年1月19日。取自：宜蘭旅遊景點資訊，環境介紹
http://www.lanyangnet.com.tw/ilpoint/jc02/

Note

Note

Note

Note

國家圖書館出版品預行編目資料

餐旅人力資源管理・民宿篇／陳永賓編著.
－－初版.－－臺北市：五南圖書出版股份有限公司, 2021.09
面；　公分
ISBN 978-986-06476-3-1（平裝）

1.餐飲業管理　2.人力資源管理

483.8　　110010294

GPN 1011001329

1LAX 休閒系列

餐旅人力資源管理
民宿篇

編 著 者— 陳永賓
發 行 人— 楊榮川
總 經 理— 楊士清
總 編 輯— 楊秀麗
副總編輯— 黃惠娟
責任編輯— 吳佳怡
封面設計— 姚孝慈
出 版 者— 國立高雄餐旅大學
出 版 者— 五南圖書出版股份有限公司
地　　址：106台北市大安區和平東路二段339號4樓
電　　話：(02)2705-5066　　傳　　真：(02)2706-6100
網　　址：https://www.wunan.com.tw
電子郵件：wunan@wunan.com.tw
劃撥帳號：01068953
戶　　名：五南圖書出版股份有限公司

法律顧問　林勝安律師事務所 林勝安律師

出版日期　2021年9月初版一刷
定　　價　新臺幣230元